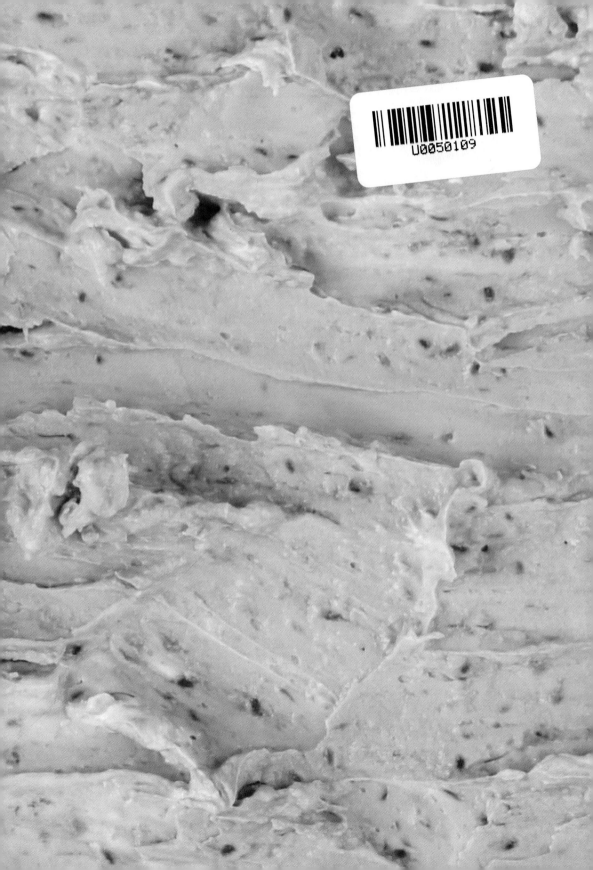

Greek Yogurt

手作
希臘優格

全圖解

오늘부터 집에서, 그릭요거트

「從今天起，
在家做美味又健康的希臘優格！」

　　以前會說「年紀大了就該注意身體健康」，但最近這句話已經不合時宜了，不管男女老少大家都非常關注自己的日常免疫力和身體健康；尤其以前提到「減肥餐」時，只會想到餓肚子或只吃單一食物的不合理飲食方式，但現在的趨勢跟過去不同，大家都喜歡美味、吃得飽又健康的食物。

　　而符合這種趨勢的食物之一就是希臘優格。希臘優格比一般優格含有更豐富的益生菌，能提高免疫力、促進腸道健康，加上口感綿密，糖分卻很少，可以取代奶油乳酪、鮮奶油和美乃滋，讓原來高熱量的料理搖身一變成為減肥餐，而且蛋白質含量也很高，飽足感十足，能同時兼顧美味、健康和體重。

　　因此，最近希臘優格的需求正在持續增加，不僅僅是取代早餐的健康食品，還擴大到甜點市場；也就是說，希臘優格讓大家能以更健康的方式享用甜點。最近電商和實體店都出現許多手作希臘優格專賣店，也是反映了大家的需求。

　　此外，越來越多的品牌提供了在家製作希臘優格需要的工具和材料，包含優格機、乳清分離器、優格菌等相關產品，逐漸形成一個任何人都能在家輕鬆製作希臘優格的環境，不得不說這真是一個好消息。

我發現希臘優格的魅力並愛上它的時間，是我第一次在土耳其和希臘旅遊時，吃到希臘優格搭配少許的小黃瓜、橄欖、番茄、鹽巴、胡椒、蜂蜜時，這種新奇的組合讓我久久難以忘懷，從此就迷上了希臘優格，後來只要有機會出國，我就會到處品嘗各種優格。當時希臘優格在韓國還沒有那麼普及，我自然而然地開始找國外的食材，也常在家用希臘優格做各式料理來吃。

某天我突發奇想：「香蕉牛奶、草莓牛奶、咖啡牛奶等調味乳也能做成希臘優格嗎？」、「哪種牛奶做出的希臘優格最符合我的口味呢？」我試著解開這些疑問，於是挑戰製作出與眾不同的希臘優格！不知不覺間，我可以很有自信地說：「我比任何人都更喜歡做希臘優格，也比任何人都更喜歡吃希臘優格。」然後開始在 Instagram 上記錄這系列，享受過程中帶給我的小確幸，尤其當我成功製作出喜歡的新口味希臘優格時，幸福感簡直無法用語言形容。

　　在家做希臘優格就可以瞭解到哪一種牛奶和乳酸菌的組合符合自己的喜好。牛奶和乳酸菌的組合會改變希臘優格的味道，這一點也是在家自製希臘優格的極大魅力之一。牛奶和乳酸菌的種類、分離乳清的時間、添加的風味食材等，都會決定希臘優格的味道和質地，所以可以自由地製作出各式各樣的優格，不需要迎合市售優格的口味。

　　《手作希臘優格【全圖解】》這本書的初衷是想要分享我在日常生活中的飲食樂趣：只要在睡前讓牛奶發酵，起床後就能看到軟綿綿的優格，製作出自己喜歡口味的希臘優格。因為是自己在家裡吃，所以可以盡情放入很多風味食材，而且製作起來也沒有負擔，反正都是自己要吃，不好吃又如何、失敗又如何，因此更能樂在其中。

　　你平時就常買希臘優格來吃嗎？想知道除了原味希臘優格之外的各種口味嗎？雖然直接吃也很好吃，但你想用希臘優格做出甜點或三明治等健康料理嗎？你做希臘優格常常失敗嗎？這本書會帶給各位很大的幫助。

繼出版燕麥料理的食譜後，這次能再次出版希臘優格的食譜書，我非常高興。一步步準備到現在，非常感謝能和很多人分享我真的很喜歡的東西。我想感謝出版社編輯和社長，他們為了這本書付出相當多的努力，也特別想感謝許多人喜歡我日常的分享。因為大家都很喜歡，我才能完成這一本書！最後，想要感謝我的父母和弟弟妹妹，他們無論何時都無條件支持我、鼓勵我，特別是妹妹賢貞都會與我一起構思食譜，總是幫我收拾善後。

　　希臘優格是比其他任何食物都更適合在家製作、更適合運用於各種料理的食材。希望這本書能成為指南，讓更多的人能近距離地、輕鬆品嘗自製希臘優格。

　　好，那我們從今天起，開始在家做希臘優格吧？

　　　　　　　　　　　　　　　　　　　　　　　　　　朴泫柱

$\boxed{\text{contents}}$

Chapter 1.	關於希臘優格

Chapter 2.	自己做原味希臘優格

Chapter 3. 在家做希臘風味優格 31 款

3 大重點提醒

1. 食材分量基本上以重量標示，同時註記大匙、小匙。

　　這裡提到的大匙、小匙是以家中常見的湯匙和茶匙為基準，但由於是目測，可能會因為湯匙大小或料理者的不同而造成分量或味道的差異，所以也會加上重量標示。不過，有些食材用目測更方便，所以僅會標示大匙、小匙。

1 大匙 ～～～ （用湯匙裝到微尖）	1 小匙 ～～ （用布丁免洗湯匙裝到微尖）
·粉末類 10g ·液態類 10-12 ㎖ ·糖漿類（阿洛酮糖）15g ·果醬類 15-20g ·希臘優格 15-20g	·粉末類 3g ·液態類 3-5 ㎖ ·糖漿類（阿洛酮糖）5-7g ·果醬類 8-10g

2. 糖分選用天然甜味劑，能控制體重、保持健康。

　　原味希臘優格沒有添加任何味道，所以在製作時不會添加任何糖分。但是，在搭配各種食材製作特別的希臘優格時，或是以希臘優格製作甜點和早午餐時，都含有糖分和各種調味料。這本書的目標是用更健康的希臘優格來料理，因此糖分選用熱量較低的天然甜味劑，也就是甜菊糖或阿洛酮糖。如果覺得天然甜味劑太貴了，可以替換成非精製糖、一般的砂糖或寡醣。

3.「原味優格」、「原味希臘優格」的區別在於是否分離乳清。

　　食材名稱中的「原味優格」是指牛奶發酵後、初次分離乳清前的狀態，也可以使用市售的原味優格（糊狀發酵乳、舀來吃的優格），不過請選擇沒有添加糖分或香味的原味產品。順帶一提，「原味希臘優格」分成兩種，分為「初次分離乳清」或「二次分離乳清」，兩種是不同的。

Chapter 1

Greek Yogurt

關於希臘優格

希臘優格只需要用牛奶和乳酸菌兩種食材製作，
是最具代表性的腸道保健食物。
另外，還可以搭配水果、起士、巧克力等
多種食材製作出各種口味的希臘優格，
或是運用在不同的料理中，製作出獨特的甜點及
很有飽足感的早午餐，用途相當豐富。
在製作希臘優格之前，
本章會先逐一介紹什麼是希臘優格、
與市售的普通優格有什麼不同，
還有，在家中製作出濃醇香的
純白希臘優格所須的食材和工具。

何謂希臘優格？

　　希臘優格被美國健康雜誌評選為全球五大健康食物之一，是在被譽為長壽之國的土耳其、希臘等地中海沿岸地區以傳統方式製作的優格。最近有報導指出，經過多項研究結果顯示，希臘優格能有效增進腸道健康和免疫力。

希臘優格的歷史　　　　希臘優格有一段有趣的歷史。據說在西元前一萬年，亞洲的遊牧民族無意間將家畜擠出的乳汁放在戶外，經過自然發酵的過程後就變成了優格。之後，從十一世紀開始，希臘優格成為土耳其飲食文化中的重要部分，他們將希臘優格推廣至包括北美在內的全世界。因此，優格（yogurt）的名稱源自於土耳其語中意味著「凝固」的「yogurmak」以及意味著「乾澀、黏稠」的「yogun」；另外，在希臘優格被稱為「希臘優格」之前，一般都是稱呼「優格」，是後來希臘某間公司將希臘優格做成商品時才取名為「希臘優格」。實際上，這種以過濾方式製造的水切優格（strained yogurt），在歐美等地的超市是常見的產品。

　　　　現在希臘優格已經不再是希臘特有的傳統食品，而是成為深獲全世界喜愛的食品，韓國人甚至會簡稱它為「希臘」。目前台灣希臘優格的市場也越來越受到關注，從原本只有少數人知道的飲食文化，逐漸成為大家飲食生活的一部分。

製作希臘優格的　　　　希臘優格一般分成兩種製作方式，一個是讓牛
兩種方法　　　奶發酵後**分離乳清的方式**（strained），另一個是長時間熬煮牛奶提高濃縮率後，發酵後**濃縮的方式**（concentrated）。

　　　　我們熟知的希臘優格大多採用分離法，也就是第一個方法。由於除去了水分，優格的質地厚重結實，同時味道也比一般的優格還濃郁。

**美味的健康食品
「希臘優格」**

　　牛奶濃縮製成的希臘優格，乳酸菌比一般優格多二十倍，這種乳酸菌大部分都是腸道好菌，有助於增進健康、提高免疫力；另一方面，希臘優格的碳水化合物比一般的優格少了一半左右，而且含有豐富的濃縮蛋白質，很有飽足感。再加上分離乳清時，也會一併分離醣類和鈉（僅限於以分離方式製作的希臘優格），所以我極力推薦給正在控制飲食的人、減肥的人或是養生的人。

　　希臘優格的優點很多吧？不僅如此，希臘優格作為食材，能運用的程度也是無窮無盡，可以取代因高熱量而讓人吃起來有負擔的美乃滋、奶油乳酪和酸奶油。當然，直接吃也很美味。

市售優格 VS. 手作希臘優格

　　我們從小就常吃的市售優格大多沒有分離乳清，所以質地柔軟，再加上含有很多糖分和風味食材，導致優格長期被誤以為是「高糖食物」，難以被視為健康食品。那麼手作希臘優格和市售優格有什麼不同呢？以下分別比較說明市面上賣的優格有哪些種類、以及與自己做希臘優格有什麼不同。

市售優格

近日不僅是大型超市，連住家附近的便利商店也有販售許多發酵乳製品，有 Yoghurt、Yogurt、Yoplait（優沛蕾）、原味優格、希臘優格、希臘式優格等，這些看上去很類似的中英文標示常讓我們混淆。以下簡單整理其中的差異：

①Yoghurt 和②Yogurt 都是指發酵乳，也就是包含優格、優格乳、酸奶等，Yoghurt 和 Yogurt 只是對同一種食品的不同稱呼。在中文上來說，這兩種大多會直接翻為「優格」，屬於發酵類乳製品的統稱。

③Yoplait（優沛蕾）是某公司的糊狀發酵乳（舀來吃的優格）的「產品名稱」。它是這類糊狀優格產品中最受歡迎的，因此常被當成代名詞，也是一種發酵乳。

④原味優格，顧名思義，原味是指不添加任何口味和香味，只經過發酵過程，尚未分離乳清，所以是稀軟型的無糖優格。這種乳白色優格沒有添加糖分、色素和香味等添加物。我仔細檢查過市售原味優格的原料，發現有些標榜原味優格的產品其實含有糖、明膠、乳化劑，因此購買前請先仔細檢視成份標示。

最後是⑤**希臘優格、希臘式優格**。希臘優格是指經過萃取過程，分離出乳清的優格。不過，仔細觀察市售產品，會發現很多是希臘「式」優格，甚至還有些優格是將濃縮奶粉和人工添加物混合製成的，這些產品的特點是質地柔軟，含有許多乳清。最近越來越多的專賣店會販售確實分離乳清、質地黏稠的希臘優格，不過即使方便購買，如果天天都要吃，價錢多少會讓人感到負擔，這也是很多人猶豫的原因。

手作希臘優格　　　　　　　一般來說，手作希臘優格只使用牛奶和乳酸菌，並且經過分離的程序。由於不添加人工糖分，不僅是有益健康的食品，還比市售希臘優格更便宜，可以說是經濟實惠。手作希臘優格最大的優點是可以根據個人喜好製作更柔軟或是更黏稠的口感；此外，還可以隨意組合出自己喜歡的希臘優格口味；另一方面，手作希臘優格的缺點是需要相當長的製作時間。

　　然而，希臘優格可說是「時間創造出來的食品」，其實我們沒有什麼要做的。只要在睡前讓牛奶開始發酵，起床後就會得到美味的成果。

市售優格

| 優點 | ・容易購買，非常方便。 |

| 缺點 | ・大多質地稀薄，有些產品含果糖、人工色素、香精等添加物。
・市面上質地濃稠的手工希臘優格非常貴（通常 100 克要價台幣 100 元，添加水果、巧克力等口味的希臘優格 100 克大約 150 元以上）。 |

手工希臘優格

| 優點 | ・只要有牛奶和乳酸菌，就能以家中現有的工具製作。
・能製作出自己想要的質地，也能混合不同的口味。
・食材費合理。 |

| 缺點 | ・需要長時間才能完成，但是只要利用晚上睡覺的時間，就能彌補這缺點。 |

製作希臘優格的基本知識

　　只要暸解希臘優格的製作過程，任何人都可以輕鬆地在家裡製作希臘優格，工具和食材真的很簡單！

　　以下會一一說明每個步驟需要的東西，整理得一目暸然。

	① 發酵	② 初次分離乳清	③ 二次分離乳清
工具	・優格機 　（或電鍋、微波爐） ・湯匙 ・其他（耐熱容器）	・罐子（或大碗） ・棉布	・篩網 　（或乳清分離器） ・重物
食材	・牛奶 ・乳酸菌	・（風味食材）	・（風味食材）

發酵

　　製作希臘優格的第一步就是「發酵」。牛奶接觸到乳酸菌後，會在適當的溫度下經過一段時間發酵。當乳酸菌菌種逐漸增加、培養出更多乳酸菌後，牛奶中的蛋白質會凝固。正如先前所述，為了製作出特別有益於腸道健康和免疫力的希臘優格，就必須經過這個過程。

工具

優格機（或電鍋、微波爐）

優格機

　　要讓牛奶發酵時，可以根據各自的情況和條件靈活運用各種工具，其中我最推薦優格機，原因是**優格機**能在一定時間內維持一定的溫度，創造出非常適合乳酸菌生存的環境，所以成功率極高，只要一開始設定好，之後就不用多費心，非常方便。

　　另外，要製作添加多種口味的希臘優格（詳見第三章）時，需要將牛奶、乳酸菌和其他風味食材混合發酵，以優格機製作的成功率會高於其他工具很多。

　　相較於原味的希臘優格，添加風味食材後的優格更容易受到溫度和時間的影響，從這點來看，優格機相當重要。優格機的類型和價格真的很多種，如果經常做希臘優格來吃，至少建議準備一種！

　　如果廚房電器中有具備「發酵」功能的，也可以用來製作優格。例如：多功能料理鍋，可以製作大量優格。除此之外，有些優格機是不需要插電的，其原理是將熱水放入保溫瓶中保溫，如果是使用這種工具，到了冬天外部環境的溫度較低，請隨時檢查溫度！

除此之外，也可以用電鍋和微波爐來發酵。**電鍋**的優點是容量大，能製作大量優格；如果想要用電鍋製作也可以，請詳見第 51 頁。

電鍋

也可以用**微波爐**做優格，其原理是提高牛奶的溫度後，在密閉空間（微波爐內部）保溫，讓牛奶發酵。如果家中的微波爐有「發酵」的功能，只要設定時間就行了。

微波爐也能直接加熱剛從冰箱拿出的冷牛奶，相當方便，不過要注意的是，如果微波爐已經使用很久，門無法關緊，就可能無法形成密閉空間，難以保溫，這會導致無法正常發酵。更詳細的注意事項和保溫技巧，請詳見第 52 頁。

微波爐

湯匙

用於混合牛奶和乳酸菌。雖然有人說不鏽鋼等金屬材料接觸到乳酸菌時，乳酸菌會因氧化反應而被破壞，但這是錯誤的資訊。實際上製作優格的工廠機器都是不鏽鋼！木頭、塑膠、不鏽鋼等任何材質都可以使用。但請注意，如果是使用塗層已經脫落或生鏽的不鏽鋼湯匙、有很多使用痕跡的木頭湯匙，可能會有衛生疑慮。

耐熱容器

用微波爐發酵時需要的工具。製作希臘優格時最重要的要素之一就是溫度，因此使用能夠長時間保溫的耐熱容器非常重要。一定要確認購買的容器是否有耐熱功能。

食材

牛奶

　　希臘優格是乳製品，顧名思義就是「牛奶製成的食品」，所以牛奶是不可或缺的材料。牛奶的種類比想像中還要多，從原味牛奶、低脂牛奶、脫脂牛奶、巧克力牛奶、草莓牛奶到香蕉牛奶等調味乳。製作希臘優格時，以上提到的牛奶大部分都可以使用，但是除了原味牛奶之外，其他的牛奶都還有一些需要注意的地方！請仔細閱讀第 30 頁的 Q&A 後，選擇自己需要的牛奶。

乳酸菌

　　讓每個人都可以在家輕鬆地製作優格的一大功臣就是乳酸菌。市面上推出了很多發酵牛奶時使用的菌種（用於發酵的微生物）「乳酸菌」。我經過多次試驗發現，製作希臘優格時，最適合的乳酸菌產品是①**優酪乳**、②**優格**；此外，我也推薦常作為健康保健食品攝取的③**膠囊型或粉末型的乳酸菌**，或是能輕鬆做成優格的④**優格菌**。

　　我們製作好的原味優格也可以當成濃縮發酵乳（見第 31 頁）使用。只要在製作出原味優格後，留下 100-150 毫升，再與牛奶混合發酵，這樣就能二度培養出新的原味優格。但如果繼續培養，可能會交叉汙染，所以只建議使用一至二次。此外，發酵的成敗取決於乳酸菌的含量，而乳酸菌是微生物，因此要精準地調整溫度、時間等，創造出適合的環境。所以購買乳酸菌前，請仔細確認標示；在發酵時，也請仔細觀察。詳請參見第 31 頁 Q&A。

優酪乳　　　　　　優格

益生菌分為膠囊　　優格菌
型或粉末型

初次分離乳清

牛奶接觸到乳酸菌後，若能順利發酵，就會形成稀稀的優格。剛完成時溫度較高、優格較稀，所以要先冷藏使其冷卻，待稍微硬化後，再進行第二步，也就是「初次分離乳清」。

乳清（whey）是指，乳酸菌這個菌種分解牛奶中的醣類後形成了乳酸，乳酸接觸到牛奶中的蛋白質後會變性凝固，凝固後剩下的液體就是乳清。乳清能以不同的方法分離，通常呈現透明的淡黃色。如果乳清是灰色的、濁濁的，就代表還沒有完全分離，請在過程中隨時確認。

分離越多乳清，希臘優格就會越濃稠。經過分離的步驟，就能做出比我們一般認為的、舀來吃的優格更結實的優格。

工具

罐子（或長型的大罐子、篩網）

有非常多的工具可以分離乳清，但是我最推薦的工具是原本用於保存義大利麵、穀物等物品的長型罐子。這種容器本身很長，只要在瓶口蓋上棉布後放上優格，乳清就更容易因重力而往下掉，優格也不會流到外面，不會浪費任何一滴精華。如果沒有這種罐子，也可以使用能裝入超過兩公升優格的大碗或圓筒，請盡量使用玻璃材質的容器。另外，還可以用篩網分離乳清。本書雖然只有在第二次分離乳清時使用篩網，但初次分離乳清時也可以用篩網分離。不過，如果是使用一般的罐子，優格可能會散開，所以請用棉布固定後再分離乳清。

棉布（或一次性紗布、咖啡濾紙）

不僅是初次分離乳清時需要棉布，二次分離乳清時，棉布也是不可缺少的工具。建議選擇結構細緻的棉布，而且清洗和保存真的很重要，請參考第 33 頁維持棉布的清潔。如果沒有自信能維持棉布的清潔，推薦使用一次性紗布，使用後扔掉即可，非常方便。

另外，混合多種食材的希臘優格在分離乳清時，棉布可能會染色，這種時候也可以使用一次性紗布代替。但紗布的結構比棉布鬆散，孔洞較大，需疊加三至四片使用。

如果只做約一餐分量的少量希臘優格，可以使用咖啡濾紙。將濾紙放在濾杯上，倒入優格就能分離乳清，再提供一個小妙招，只要前一晚放好，隔天早上起床就能輕鬆享用。

食材

風味食材

初次跟二次分離乳清不需要特別的食材。如果已經習慣原味希臘優格，可以在初次分離乳清前加入多種風味食材製作出與眾不同的希臘優格。可以參考第 36 頁詳細介紹，能讓希臘優格增添不同風味的各種食材做法。

二次分離乳清

二次分離乳清後，才是我們熟悉的、黏稠的希臘優格。與初次分離乳清時不同的是，二次分離時可根據喜好調整分離的乳清量。

順帶一提，在上面放的東西越重、放得越久，乳清流失得越多，要特別注意。

工具

篩網和重物（或乳清分離器）

二次分離乳清的方法也跟初次分離乳清的方法差不多。為了使乳清凝結成一塊，請將**篩網**放在能架起篩網的碗或瓶口上，然後放入包著初次分離乳清的希臘優格，最後在上面放上**重物**！可以使用 500 毫升的礦泉水瓶、裝滿水的水瓶、平坦大石頭、啞鈴等家中的任何東西。但是，考慮到衛生，請先用塑膠袋包住棉布、包住器皿後再放上重物。

篩網

最近市面上也推出**分離乳清**的產品，如果很難買到，可以利用做起司時使用的起司機。我在二次分離乳清時常使用這個工具，因為第一次分離乳清後，優格的體積已經變小很多了，如果使用乳清分離器就更省空間，也更方便。最近還推出了具有加壓功能的產品。

乳清分離器

製作更濃稠的希臘優格

如果加壓得不平均，乳清就不會均勻分離，結果可能只有一部分的質地濃稠。因此，在分離乳清的過程中，如果適時移動重物的位置，或者重新打開棉布改變方向，就可以製作出濃度更高、水分更少的扎實希臘優格。另外，棉布可能已經吸了很多乳清，所以二次分離乳清後，請將棉布捲起用力擰，這樣就能分離更多的乳清，優格也會變得更濃稠。

保存容器

玻璃容器要裝希臘優格成品之前，必須先用熱水消毒並晾乾。希臘優格是乳酸菌製成的食品，容易因為環境而滋生細菌，因此，比起其他容器，我更建議使用乾淨的玻璃容器盛裝。

Q&A

關於希臘優格的疑惑！

【選擇牛奶的標準】

Q1. 可以使用低脂或脫脂牛奶嗎？

可以！低脂、脫脂、滅菌、低溫殺菌牛奶等都可以使用，不過請注意，這些牛奶做出的優格質地、味道，以及乳清分離的量都跟全脂牛奶有明顯的不同，牛奶的脂肪越少，濃郁的味道和厚重的黏稠感就會越少。所以建議先用一般牛奶製作，之後再慢慢嘗試其他牛奶。如果想用低熱量或低脂的希臘優格來控制體重，可以嘗試將一般牛奶與低脂牛奶（或脫脂牛奶）用一比一的比例混合使用（如：一般牛奶 450 毫升＋低脂牛奶 450 毫升）。

Q2. 可以把牛奶換成豆漿嗎？

是可行的，不過要使用無糖的百分之百純豆漿才能做出健康的優格，挑選豆漿時請考慮到這點。另外，選擇乳酸菌時，如果用市售的素食優格菌取代濃厚發酵乳，就可以製作出完美的素食希臘優格。豆漿希臘優格散發出大豆發酵過的濃醇香味，有人很喜歡，有人很不喜歡。如果想知道自己會不會喜歡，那就試試吧！

Q3. 可以使用添加香料和有味道的調味乳嗎？

我也曾出於好奇嘗試，結果非常成功！但在選擇調味乳時，一定要確認「牛奶含量」，然後選擇含乳量超過 50%的，如果沒有超過 50%，可以跟原味牛奶混合使用。另外，要注意的是，如果是使用優格機以外的工具，則有很高的機率會失敗。

【選擇乳酸菌的標準】

Q1. 有發酵乳、濃縮發酵乳等等，這些名稱讓人混淆！應該使用哪個呢？

由於不是日常用語，應該覺得很陌生吧？簡單來說，「做希臘優格請用濃縮發酵乳」，因為比較不會失敗，而且很方便。本書也是使用濃縮發酵乳。首先，發酵乳是將生乳或是牛奶加工品以乳酸或酵母發酵製成，乳蛋白質（除去水分和乳脂肪的其餘成分）超過 2.7%、每毫升的乳酸菌超過一千萬個的產品；其中，若要被稱為「濃縮發酵乳」，乳蛋白質含量要超過 5.6%，每毫升的乳酸菌數要達到一億個。由於乳酸菌數量多了非常多，就能縮短希臘優格的發酵時間。常見的優酪乳和優格產品都屬於上述範疇。很多人會問「可以用鮮奶優酪嗎？」這種產品被歸類為「濃縮鮮奶發酵乳」，所以也可以使用。

那麼最常見的「養樂多」可以使用嗎？「養樂多」在發酵乳中被歸類為乳酸飲料。所謂的乳酸飲料就是每毫升的乳酸菌大約一百萬個左右，雖然會發酵，但需要時間更長也更容易受環境影響，成功率非常低，所以我通常不建議用這種產品。

最後，在濃縮發酵乳中，建議盡量選擇不添加任何味道的原味無糖口味，這樣才能做出不摻雜其他味道的、最基本的希臘優格。

Q2. **也能用粉末型乳酸菌或膠囊型乳酸菌嗎？**

當然可以。不過，選擇乳酸菌產品時，最好以活菌數超過五十億個的產品來製作。活菌數越多，發酵情況就會越好。另外，除了乳酸菌含量的差異之外，每個產品的成分也都不太相同，變數很多，如果是第一次使用，建議先製作一兩個，之後再調整分量和數量。

粉末型乳酸菌或膠囊型乳酸菌多為乾燥粉末。粉末型只要拆開包裝直接倒入即可，膠囊型乳酸菌則要打開膠囊，只倒入粉末。特別值得注意的是，機能性的乳酸菌為了方便消費者食用，常會在產品中添加香味，而這些香味會影響希臘優格成品的味道。如果想要做出牛奶原本的味道，請選擇不添加味道和香味的乳酸菌粉。

【棉布使用方法】

Q1. 棉布也有很多種，要買哪種呢？

一般家庭很少使用棉布，應該有很多人想知道選購技巧，如果棉布的結構鬆散，分離乳清時，連優格也會流失，所以請選擇結構細密的棉布。盡量選擇長寬超過五十公分的，這樣才方便裝優格，要分離大量優格的乳清時也才夠用。買回來的棉布不要馬上使用，請先以沸水煮過消毒、晾乾後再使用。

Q2. 棉布能重複使用嗎？如果可以，該怎麼清潔呢？

是的，棉布可以重複使用。但是，清潔和保管真的很重要。分離乳清後一定要洗乾淨、煮過後晾乾保存。棉布用久了會略微褪色，二次分離乳清時也會用力擰，導致棉布結構被破壞、拉長，因此，建議記錄更換時間，然後定期更換。

棉布清潔法

在鍋中倒入足以覆蓋棉布的水，放入一至兩小匙的小蘇打粉和醋，然後放入要清潔的棉布，再用小火煮十至二十分鐘。過程中可能會因為出現泡沫而溢出來，請避免燙傷。煮好後用冷水沖洗並曬乾。

**Q1. 成品不是優格，
而是原本的牛奶！**

為了讓乳酸菌能藉由牛奶中的乳糖、蛋白質、維他命等成分活躍繁殖，需要設定固定的溫度和時間，才會順利發酵而製作出白皙的希臘優格。乳蛋白會透過這個過程凝結、變硬，出現像嫩豆腐一樣的原味優格。然而，如果始終呈現尚未發酵的牛奶狀態，請參考以下幾點：

① 溫度適當，但是發酵時間不夠。

先提高環境溫度，再多發酵二至三個小時，過程中檢查是否順利發酵。

② 剛發酵完、溫度很高還未凝固。

如果剛發酵好的優格拿出來時呈現半凝固狀，雖然已經不是原本的牛奶，但也不到可以舀來吃的程度，可以先放到冷藏室冷卻一至兩個小時。

不過，如果牛奶和乳酸菌的分量正確，時間和溫度也設定好了還是失敗，那麼請確認以下幾項：

1 牛奶是直接從冰箱拿出來的冰涼狀態？

如果以過冷的牛奶製作，無法順利與乳酸菌結合，就會無法發酵。剛從冰箱拿出的牛奶請先在室溫下靜置一至兩小時左右，待退冰後再使用。如果時間來不及，可以用微波爐稍微加熱，達到適當的溫度後再製作。

2 牛奶和乳酸菌有攪拌均勻嗎？

如果是使用濃縮發酵乳製作就沒有問題，但粉末型或膠囊型的優格菌若沒有充分攪拌，乳酸菌就會結塊，無法順利發酵。萬一牛奶是冰的，就更無法混合了。所以，務必攪拌均勻，讓乳酸菌粉末完全溶解。如果難以攪拌，請參考第 53 頁。

3 檢查發酵工具的使用狀態？

微波爐或電鍋是廚房天天使用的電器，可能會因為使用過久，無法完全密封，導致熱氣從縫隙中散出，造成溫度快速降低，延遲發酵效果。使用老舊機器時，應多加注意。

Q2. 希臘優格的酸味太重了，怎麼辦？

雖然優格本來就是酸的，但如果覺得那不是好吃的酸味，感覺過重、太刺激，那可能有兩個原因，第一，牛奶放太久了；第二，在製作優格的第一道程序，也就是在發酵時，牛奶過度發酵。以後者的情況來說，不僅會有很濃的酸味，而且希臘優格的表面不像是布丁，會出現很多孔洞，分離的乳清還會有分層的現象。過度發酵的原因大多是溫度過高或發酵時間過長。這種優格不能吃，雖然很遺憾，但還是丟掉吧！

別忘了，優格發酵最重要的因素就是溫度和時間！

(PLUS)　　**為希臘優格增添味道的風味食材**

　　如果已經吃膩了用牛奶和乳酸菌製作的原味希臘優格，那麼請試著加入多種風味食材來做出與眾不同的口味吧！你會更進一步感受到希臘優格的無限魅力。

水果

ex) 蘋果、水蜜桃、冷凍草莓、冷凍覆盆子、冷凍藍莓、無花果乾等

　　希臘優格和水果，真是既熟悉又完美的組合，幾乎沒有水果不適合。搭配新鮮水果也很好，但如果在希臘優格（二次分離乳清）中加入糖漬水果、果醬、果泥等，跟牛奶的濃郁風味結合後，會覺得像是在吃水果奶酪或水果口味的牛奶冰淇淋。以水果為風味食材的希臘優格，男女老少都會喜歡。

　　水果口味的希臘優格可以用兩種方式製作。**第一種是將水果加熱濃縮，製成糖漬水果、果醬、果泥等，直接和做好的原味希臘優格混合；第二種是將只經發酵的原味優格，先與糖漬水果、果醬、果泥混合，再分離乳清。**

　　雖然以步驟來說，第一種方法看起來更簡單，但我更推薦第二種方法，因為第二種的做法其實比想像的還容易，而且在乳清分離時，希臘優格和糖漬水果會更加融合，味道變得更豐富。這是市面上很難有的味道，只有在家做的人才能感受到這種幸福！因此，書中會以第二種方法為主來介紹各種水果口味的希臘優格食譜。此外，幾乎所有的希臘優格都會經過二次分離乳清的過程，讓質地變得更結實。

巧克力

ex）黑巧克力、巧克力顆粒、巧克力球等

這些食材會增添濃厚的巧克力味。可可含量越高，苦澀的味道就會越濃，而黑巧克力搗碎後可以做為多種用途。如果喜歡苦澀的味道，可以替換成可可粒（Cacao Nibs）！

茶類

ex）格雷伯爵、紅茶、薄荷茶、香草茶等

在製作格雷伯爵、薄荷或香草口味的希臘優格時，請使用茶包。將茶包放入熱牛奶中泡開後再跟優格混合發酵，就能品嘗到味道濃郁的、極具特色的希臘優格。市面上賣的任何茶包都可以。

粉末類

ex）巧達起士粉、帕瑪森起士粉、可可粉、咖啡粉、肉桂粉等

這些就是讓希臘優格擁有不同口味的重點食材之一！順帶一提，烘焙時也常使用巧達起士粉、紫地瓜粉、艾草粉、綠茶粉等，所以烘焙材料行會販售小分量包裝的粉末。

餅乾類

ex）起士口味的脆餅、奧利奧、蓮花薄脆餅、椰子片等

雖然這些餅乾直接吃也很好吃，但還是讓給希臘優格吧！這樣能發揮最大的效益。奧利奧、蓮花薄脆餅、起士脆餅等餅乾和希臘優格的結合，讓餅乾的價值發揮到淋漓盡致。椰子片特別適合在希臘優格上裝飾，一定要試試！

糖類

ex）甜菊糖、阿
洛酮糖、香草口
味的阿洛酮糖、
非精製糖等。

　　液態的阿洛酮糖和粉末狀的甜菊糖不
是人工甜味劑，而是從水果、香草等萃取
的天然甜味劑，是能取代砂糖、降低糖分
攝取的健康食材。尤其最近韓國也出現了
各種口味的阿洛酮糖，有香草、榛果、焦
糖等多種產品，可以根據個人喜好使用。
另外，本書中幾乎所有的食譜都是用這些
食材取代砂糖，做出更健康的料理。不
過，還不習慣的人可以用蜂蜜、糖漿取代
阿洛酮糖，用非精製糖或一般砂糖取代甜
菊糖。

其他

ex）香草精、小
蘇打粉、椰果等

　　除上述之外，本書還使用了各種食
材，讓希臘優格更豐富。烘焙時常使用的
香草精、小蘇打粉，最好能都先準備，這
樣就能運用在各種料理中。可能有點陌生
椰果、百香果泥等食材，但這些都很容易
在烘焙材料行或一般市場中找到。

酥菠蘿

　　有些麵包上香甜酥脆的部分就是酥菠蘿。你能想像那滋味嗎？在第 120 頁的猛獁希臘優格和第 148 頁的希臘優格酥菠蘿蛋糕都有使用這個配方，還可以簡單地撒在希臘優格上作為點綴。可以事先多做一點，有需要時就能使用。

Ingredients —————

· 燕麥粉 50g
· 杏仁粉 50g
· 甜菊糖 20g
· 肉桂粉 1g
· 阿洛酮糖 20-30g（或楓糖、龍舌蘭糖漿等液體糖類）
· 葡萄籽油 20-30g（或其他食用油）

Recipe —————

1　在碗裡放入燕麥粉、杏仁粉、甜菊糖、肉桂粉，攪拌均勻。

2　一點一點加入阿洛酮糖和葡萄籽油，將麵團搓成粗砂塊狀。

3　冷藏靜置 20 分鐘，取出後放在烤盤上。

4　放入預熱至 170℃的烤箱，烤 15-20 分鐘左右。

5　充分冷卻後裝入密封容器中。

Tip. 在室溫下可保存十日。若要存放超過十日，請放入冷凍庫（可保存一個月）。

Tip. 每個烤箱的烤溫不太一樣，請依自家狀況調整溫度和時間，呈金黃褐色就表示烤好了。

穀麥

　　希臘優格和穀麥是天生一對！請以燕麥為基礎，試著用家裡的堅果、果乾來製作穀麥。酥脆的口感搭配濃郁的香味，不僅能點綴希臘優格，豐富的口感更讓人愛不釋手！

Ingredients ———

- 燕麥片（Rolled Oats）200g
- 烘焙燕麥（Crispy Oat）
  （或用傳統燕麥片取代）200g
- 堅果類 200g
- 果乾 20-30g
- 椰子脆片 40-50g
- 阿洛酮糖 80g
  （依喜好增減或改用其他糖漿）
- 花生醬 30g
- 葡萄籽油 30-40g
  （或椰子油、芥花油等）
- 肉桂粉 3-5g
- 鹽巴 3g

Recipe ———

1　將所有材料放入碗中攪拌。

2　烤盤鋪上烘焙紙，再將步驟①平鋪在上面備用。

3　放入預熱至 180℃的烤箱，以 160℃烤 10 分鐘。

4　取出稍微翻動所有材料，讓整體均勻受熱，再放回烤箱，以 160℃烤 10 分鐘→再以 130℃烤 10 分鐘，烤至金黃、熟透。

5　從烤箱中取出，冷卻後放入密封容器中保存。

紅豆泥

我迫不及待想跟大家分享紅豆和希臘優格的組合！紅豆泥用途廣泛，可跟糖漬水果與希臘優格完美融合。這個配方不會太甜，甜度可根據個人喜好調整。

Ingredients ━━━━

· 紅豆 500g
· 甜菊糖 50g
　（或砂糖）
· 鹽巴 3-5g

Recipe ━━━━

1　紅豆洗淨後放入鍋中，倒入能蓋過紅豆的水，以大火煮 10 分鐘。

2　將煮紅豆的水倒掉，用冷水洗過後重新加水，再次煮滾，直到沸騰時的水位達到紅豆的 1.5 倍高。

3　當紅豆熟到能用湯匙壓碎的程度時，繼續以中火煮，同時放入甜菊糖和鹽巴，並用木鏟搗碎。

4　持續以中火煮，直到紅豆達到理想中軟爛度。過程中避免紅豆焦掉，可以少量加入約 100 毫升的水熬煮。

　　Tip. 如果想要煮出口感綿密的紅豆泥，就要全部搗碎；如果想要吃到整粒的紅豆，就搗碎一半的紅豆。也可以在這時加入阿洛酮糖之類的糖漿提升甜度。

　　Tip. 紅豆泥完成後，充分冷卻，分裝放入冷凍庫保存。

Chapter 2.

Plain Greek Yogurt Recipe

自己做原味希臘優格

本章節會介紹不添加任何味道和香味，

最基本的希臘優格製作方法，

從用優格機製作、

到使用大部分家庭都有的微波爐和電鍋。

只要清楚掌握本章介紹的食譜，

任何人都可以在家輕鬆做出居家版的希臘優格。

Plain Greek Yogurt

自製原味希臘優格

Time ———

·準備：10-20分鐘
·發酵：8-10小時
·初次分離乳清：4-6小時
·二次分離乳清：8小時以上

Ingredients ———

完成的希臘優格量 300-400g
（會根據乳清分離的程度而不同）

·原味牛奶 900-1000 ㎖
·原味優酪乳 130-150 ㎖
　＋或粉末型乳酸菌 1-2 包（2-4g）
　＋或膠囊型乳酸菌 1-2 個
　＋或優格菌 1 包

【保存期限及保存方法】
冷藏可保存一至二週。建議蓋上蓋子密封，
放入冰箱冷藏室保存，並且儘快食用。

Yogurt Maker

用優格機製作

優格機有專用容器和保溫功能,製作起來十分方便,無需其他工具。另外,只要按照產品說明書操作,幾乎都能順利做出原味優格,不會失敗。特別要注意的是,用優格機製作時,重點是要讓牛奶和原味優酪乳(或粉末型乳酸菌、膠囊型乳酸菌)均勻混合,再放入優格機!

1 按照優格機的說明書操作,完成原味優格(發酵約需 8-10 小時)。

2 取出發酵好的優格,放入冷藏室冷卻 1-2 小時。經過這個過程後,鬆軟的優格會變得更結實。

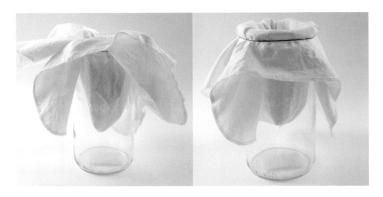

3 將棉布放在瓶罐口或大碗口上，用橡皮筋綁緊開口處。

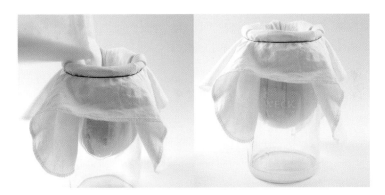

4 倒入步驟②冷卻的優格，注意不要溢出。然後蓋上蓋子，放回冷藏室 4-6 小時，濾掉乳清（初次分離乳清）。

5 接著用矽膠刮勺或湯匙讓剩餘的希臘優格聚集起來，然後連
   同棉布一起取出。此時優格裡的乳清已經大幅減少。

6 準備進行二次分離乳清。將篩網放在碗上，連同希臘優格和
   棉布一同放入篩網中。這時要確保碗和篩網之間有足夠的空
   間，這樣分離的乳清才不會接觸到裝有希臘優格的棉布，可
   以分離更多的乳清。

7　用矽膠刮勺或湯匙將附著在棉布上的希臘優格全部聚在一起，將棉布包好。

8　在包好的棉布上放一個盤子，把重物放在盤子上面，直接放進冷藏，約 8-10 小時（二次分離乳清）。

Tip. 3-4 小時後可以移動重物的位置，讓乳清更均勻分離。

Tip. 經過 8 小時左右，希臘優格會結成一團，結實到可以用手撕開的程度。如果想要更濃稠，可以延長到超過 10 小時；如果想要稍微綿密的質地，可以將分離時間縮短到 6 小時左右。

Tip. 分離乳清的時間越長、物品的重量越重，乳清就會分離得越多，質地會越濃稠，希臘優格的量也會越少。

9 若在 8-10 小時後希臘優格已達到理想狀態,請將棉布攤開,
   用矽膠刮勺或湯匙將希臘優格聚集起來,再像擰毛巾一樣擰
   棉布,用力擠出乳清。

10 做出扎實的希臘優格後,裝入玻璃容器中,放入冷藏室保
   存。只要放一天,質地就會比前一天更扎實。

Electric Rice Cooker

用電鍋製作

　　用電鍋也能輕鬆製作希臘優格，尤其電鍋的優點是能根據電鍋的大小做出多達兩到三倍的希臘優格。只要一個步驟就能做出，足夠全家人一起吃的量。

　　不過，如果家裡的電鍋是只有一個煮飯按鈕、煮完才能保溫的，這種電器就無法製作希臘優格，一定要檢查電鍋能否單獨使用保溫功能！

　　另外，請先檢查鍋蓋橡膠圈的密合度是否良好。如果熱氣溢出，可能就無法發酵。

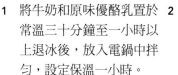

1 將牛奶和原味優酪乳置於常溫三十分鐘至一小時以上退冰後，放入電鍋中拌勻，設定保溫一小時。

Tip. 這個時間是以一公升牛奶為標準，牛奶量增加時，保溫時間也會增加。每多一公升牛奶，時間請增加三十分鐘至一小時。

2 保溫時間結束後，請不要打開蓋子，直接拔掉插頭，關閉電源。

Tip. 如果打開蓋子，可能會因溫度降低而無法發酵，所以絕對不要打開蓋子。

3 發酵 8-10 小時後，原味優格就完成了。

發酵結束後，詳見第 46頁 方法1「用優格機製作」，從步驟②開始進行。

Microwave

用微波爐製作

　　微波爐是廚房萬用的必需品！用微波爐也能做出希臘優格。這方法的優點是任何人都可以挑戰，但缺點是，周遭環境和微波爐的狀態都會影響優格發酵過程中最重要的因素「保溫」，要是無法保溫，甚至會導致發酵失敗。所以在製作希臘優格之前，一定要先確認家中微波爐的狀態和周遭環境，尤其第三章「在家做風味希臘優格 31 款」（第 61 頁）會加入風味食材製作多種口味的希臘優格，所以製作時更要注意。

1　將原味優酪乳置於常溫 30 分鐘至 1 小時以上退冰。將牛奶倒入可用於微波爐的耐熱容器中。

2　放入微波爐加熱兩次，每次 1 分 30 秒，共 3 分鐘。加熱的時候不要蓋蓋子。

　　Tip. 加熱 3 分鐘後拿出來，試著感受容器的溫度，如果還是涼涼的，就繼續加熱，每次加熱 30 秒，直到容器變溫為止。

　　Tip. 注意！秋冬溫度較低，應比春夏多加熱 30 秒以上。

3 容器變溫後,倒入已退冰的原味優酪乳,攪拌均勻。

Tip. 要特別注意,如果是加入優格菌等粉末類食品,可能會不容易混合均勻。混合時請先將少許牛奶倒入杯中,再將粉末充分攪拌成液態後,再倒入全部的牛奶。

4 放回微波爐(不加蓋)以 700 瓦加熱兩次,每次 1 分 30 秒,共 3 分鐘。如果覺得容器變溫了,就蓋上蓋子密封,放入微波爐中。

Tip. 如果一次就加熱 3 分鐘,牛奶溫度會過高而殺死乳酸菌,也可能會溢出,一定要分兩次加熱。

Tip. 通常摸容器時覺得溫暖的溫度,就是適合牛奶發酵的 35-45℃左右。請注意,如果容器太燙,反而無法發酵!

5　關上微波爐，繼續發酵 8-10 小時，原味優格就完成了。發酵完成後，從微波爐中取出耐熱容器，從第 46 頁 `方法 1` 「用優格機製作」的步驟②開始進行。

Tip. 發酵過程中不要打開微波爐，才能保持內部溫度。

Tip. 在 8-10 小時期間，微波爐內部的溫度以及牛奶加熱後的溫度會讓牛奶開始發酵，所以要讓溫度維持，才能順利發酵。

有助於維持發酵溫度的方法

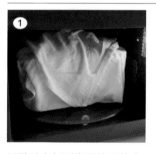

用熱毛巾包覆容器後再讓牛奶發酵。

同時放一杯熱水在微波爐中，有助於發酵。

Product

利用市售優格製作

　　利用市售的原味優格就不需經過發酵過程，能快速做出希臘優格。市售原味優格已經從牛奶發酵成優格，所以只要進行分離乳清的步驟就行了！真的很簡單吧？但一定要檢查，市售優格是否為了讓優格變得黏稠而添加「增稠劑」，如「明膠」或「醯胺果膠」。如果內含增稠劑，乳清就無法分離，就算已經過了好幾個小時，也是一樣。

　　用市售優格製作出超簡單的希臘優格！馬上來試試看吧！

1　從第 46 頁 方法 1 「用優格機製作」的步驟③開始進行。

　　Tip. 市售原味優格 1000 毫升可製作 400 公克左右的希臘優格（進行二次分離乳清）

乳清用法：拉西、瑞可塔起士

製作原味希臘優格後分離出來的乳清，同樣具有營養不要扔掉了！下面介紹兩種相當美味的「乳清食用方法」。

Mixed Berry Lassi
綜合莓果拉西飲

拉西在印度和土耳其是非常普遍的健康飲料。試著在酸味濃郁又清爽的拉西中加入乳清，這樣就能攝取到乳清中的蛋白質，提升拉西的營養價值，還能會讓心情變得清爽。不過，乳清含有乳糖，乳糖不耐症患者要特別小心。

像冰淇淋一樣的口感

增加水果量就能品嘗到更柔軟、更濃郁且如冰淇淋的口感。

Ingredients ————

· 乳清 100g
· 牛奶 150-190g
　（或豆漿、杏仁奶等）
· 冷凍水果（草莓、藍莓、複合
　莓、芒果等）200g
　（或新鮮水果）
· 阿洛酮糖 15-20g（可省略）

Recipe ————

1　將所有食材放入攪拌機打勻，根據喜好調整糖分。

　Tip. 做完一段時間後，乳清可能會分離出來，但味道沒有改變，飲用前拌勻即可。

Ricotta cheese
瑞可塔起士

可以利用蛋白質非常豐富的乳清在家做出瑞可塔起士，味道會比用牛奶和鮮奶油煮出的瑞可塔起士溫和得多。軟綿綿的瑞可塔起士和清爽的果醬一起塗在剛烤好的全穀麵包上，或者拌入沙拉中都非常好吃。

Ingredients ———

· 乳清 500g
· 牛奶 500g
· 檸檬汁 6-10g（根據個人喜好增減）
· 鹽巴 6g（根據個人喜好增減）

Recipe ———

1　鍋中放入乳清和牛奶，用中火煮沸，注意不要溢出。

2　乳清和牛奶分離後，整體會變得像嫩豆腐一樣鬆軟，這時立刻加入鹽巴，攪拌均勻後轉小火。

3　加入檸檬汁攪拌 2-3 次，然後繼續煮 10 分鐘，這時候絕對不能攪拌。

4　關火，蓋上蓋子燜 10 分鐘。

5　將棉布鋪在篩網上，把步驟④全部倒進去。

6　綁好棉布後，靜置 2-3 小時，分離乳清。

更多風味	在步驟⑤倒入棉布之前，如果加入羅勒、百里香等香草類，就能製作出不同風味的瑞可塔起士。

Chapter 3.

Flavored Greek Yogurt

31

在家做風味希臘優格 31 款

如果已經學會了原味優格的製作方式，
接下來就挑戰製作不同口味的優格吧！
只要學會這 31 款風味食材製作希臘優格的方法，
就能將喜歡的組合自由搭配。

草莓希臘優格

　　這款希臘優格的味道，就像新鮮的草莓牛奶冰淇淋。在草莓季的時候，將新鮮草莓切成小塊，跟糖漬草莓一起放進優格裡試試看！新鮮草莓的味道融合草莓籽的嚼勁，吃起來更美味。

Time ───────

- 製作糖漬草莓：20-30 分鐘
- 初次分離乳清：4-6 小時
- 二次分離乳清：8 小時以上

Ingredients ───────

- 原味優格 900-1000㎖
  （分離乳清前的狀態）
  ＋參考第 46-54 頁製作
- 冷凍草莓 300g
  （或新鮮草莓）
- 甜菊糖 40g
- 檸檬汁 15㎖

Recipe ───────

【製作糖漬草莓】

1　在碗裡放入冷凍草莓和甜菊糖攪拌，置於室溫，直到冷凍草莓解凍到能微微壓扁。

2　將草莓放入鍋中，用大火煮沸後續煮 4-5 分鐘。步驟①中草莓解凍時的汁液也全部加入。

3　加入檸檬汁，用中小火煮 8-10 分鐘。

　　Tip. 莓果類遇熱後會產生很多水分，為了製作出質地黏稠的糖漬品，需要長時間煮沸，盡量熬乾。開始出現小氣泡後很容易燒焦，所以一定要用中小火或小火邊攪拌邊煮。

4　關火後用餘溫繼續攪拌 2-3 分鐘。

5　充分冷卻後裝入密封容器中冷藏保存。

【完成】

6　將棉布放在罐口或大碗上，用橡皮筋把開口處綁緊，放入三分之一的原味優格和 2-3 大匙冷卻的糖漬草莓。這個步驟重複兩次，可根據個人喜好調整糖漬草莓的分量。

7　蓋上蓋子，依序進行初次分離乳清→二次分離乳清。

　　Tip. 參考第 47 頁製作原味希臘優格。

Raspberry Greek Yogurt

覆盆子希臘優格

這款希臘優格加了酸甜口味的糖漬覆盆子，顏色變得很漂亮。覆盆子跟巧克力搭配起來特別高雅，享用前可以加一點巧克力顆粒或可可粒增添風味。

Time ⎯⎯⎯⎯

· 製作糖漬覆盆子：20-30 分鐘
· 初次分離乳清：4-6 小時
· 二次分離乳清：8 小時以上

Ingredients ⎯⎯⎯⎯

· 原味優格 900-1000㎖
　（分離乳清前的狀態）
　＋參考第 46-54 頁製作
· 冷凍覆盆子 350-400g
　（或綜合莓果）
· 甜菊糖 30g
· 檸檬汁 15㎖

Recipe ⎯⎯⎯⎯

【製作糖漬覆盆子】

1 在碗裡放入冷凍覆盆子和甜菊糖攪拌，置於室溫，直到冷凍覆盆子解凍到能微微壓扁。

2 將覆盆子放入鍋中，用大火煮沸後多煮 4-5 分鐘。步驟①中覆盆子解凍時的汁液也全部加入。

3 加入檸檬汁，用中小火煮 8-10 分鐘。

　Tip. 莓果類遇熱後會產生很多水分，為了製作出質地黏稠的糖漬品，需要長時間煮沸，盡量熬乾。開始出現小氣泡後很容易燒焦，所以一定要用中小火或小火邊攪拌邊煮。

4 關火後用餘溫繼續攪拌 2-3 分鐘。

5 充分冷卻後裝入密封容器中冷藏保存。

【完成】

6 將棉布放在罐口或大碗上，用橡皮筋把開口處綁緊，放入三分之一的原味優格和 2-3 大匙冷卻的糖漬覆盆子。這個步驟重複兩次，可根據個人喜好調整糖漬覆盆子的分量。

7 蓋上蓋子，依序進行初次分離乳清→二次分離乳清。

　Tip. 參考第 47 頁製作原味希臘優格。

Blueberry Lemon
Greek Yogurt

藍莓檸檬希臘優格

　　香甜的糖漬藍莓加上清爽的檸檬汁，讓這道希臘優格吃起來就像冰沙一樣。兩種有助於緩解疲勞的水果，結合成這款藍莓檸檬希臘優格，讓人一整天充滿活力！

Time ————

・製作檸檬皮絲：30 分鐘
・製作糖漬藍莓：20-30 分鐘
・初次分離乳清：4-6 小時
・二次分離乳清：8 小時以上

Ingredients ————

・原味優格 900-1000㎖
　（分離乳清前的狀態）
　＋參考第 46-54 頁製作
・冷凍藍莓 350g
　（或新鮮藍莓）
・甜菊糖 30g
・檸檬皮絲 20-30g
　（根據個人喜好添加）
・檸檬汁 15㎖

Recipe ————

【製作檸檬皮絲】

1　將檸檬泡入小蘇打粉水中（每 1 公升水約加 1 大匙小蘇打粉）浸泡 20 分鐘，再用粗鹽巴搓拭檸檬皮。

2　將檸檬放入沸水中加熱消毒約 10 秒，再用冷水沖洗，然後盡量拭乾。放進熱水時，外皮可能會被煮熟，所以消毒時間不要超過 10 秒。

3　將整顆檸檬放在刨絲器上。檸檬皮內側白色部分有苦味，盡量只削到薄薄的黃綠色外皮就好。一顆檸檬可以製作約 5-8g 檸檬皮絲。

　　Tip. 可用削皮刀取代刨絲器，之後再切絲即可。

⟶

【製作糖漬藍莓】

4 在碗中放入冷凍藍莓和甜菊糖攪拌，置於室溫，直到冷凍藍莓解凍到能微微壓扁。

5 將藍莓放入鍋中，用大火煮沸後多煮 4-5 分鐘。步驟①中藍莓解凍時的汁液也全部加入。

6 加入檸檬汁，用中小火煮 8-10 分鐘。

   Tip. 莓果類遇熱後會產生很多水分，為了製作出質地黏稠的糖漬品，需要長時間煮沸，盡量熬乾。開始出現小氣泡後很容易燒焦，所以一定要用中小火或小火邊攪拌邊煮。

7 關火後加入一半檸檬皮絲，用餘溫繼續攪拌 2-3 分鐘。

   Tip. 剩下的檸檬皮絲可以在製作希臘優格的最後一步放入，作為裝飾點綴。

8 充分冷卻後裝入密封容器中冷藏保存。

【完成】

9 將棉布放在罐口或大碗上，用橡皮筋把開口處綁緊，放入三分之一的原味優格和 2-3 大匙完全冷卻的糖漬藍莓。這個步驟重複兩次，可根據個人喜好調整糖漬藍莓的分量。

10 蓋上蓋子，依序初次分離乳清→二次分離乳清。

   Tip. 參考第 47 頁製作原味希臘優格。

Tropical Greek Yogurt

熱帶風希臘優格

　　這款希臘優格會讓人想到東南亞炎熱的夏季，是充滿熱帶風情的水果口味。在芒果、鳳梨的濃郁甜味中，瞬間迸發出清爽的百香果，這將會是讓所有人都留下深刻記憶的 No.1 希臘優格！

Time

· 製作糖漬熱帶水果：20-30 分鐘
· 初次分離乳清：4-6 小時
· 二次分離乳清：8 小時以上

Ingredients

· 原味優格 900-1000㎖
　（分離乳清前的狀態）
　＋參考第 46-54 頁製作
· 冷凍芒果 150g
　（或新鮮的芒果）
· 冷凍鳳梨 150g
· 百香果泥 100g
· 甜菊糖 30g
· 檸檬汁 15㎖

Recipe

【製作糖漬熱帶水果】

1　將芒果、鳳梨、甜菊糖放入碗中攪拌，置於室溫，直到冷凍水果解凍到能微微壓扁。

2　將芒果和鳳梨放入鍋中，用大火煮 5 分鐘，直到完全沸騰。步驟①中水果解凍時的汁液也全部加入。

3　加入百香果泥、檸檬汁後，轉成中火煮 5-8 分鐘，同時用搗碎器（或叉子）將水果搗碎。過程中要持續攪拌，以免水果燒焦。

4　當水分蒸發、糖漬水果變得濃稠後關火，用餘溫繼續攪拌 2-3 分鐘。

5　充分冷卻後裝入密封容器中冷藏保存。

【完成】

6　將棉布放在罐口或大碗上，用橡皮筋把開口處綁緊，放入三分之一的原味優格和 2-3 大匙完全冷卻的糖漬熱帶水果。這個步驟重複兩次，可根據個人喜好調整糖漬水果的分量。

7　蓋上蓋子，依序進行初次分離乳清→二次分離乳清。
　Tip. 參考第 47 頁製作原味希臘優格。

Cherry Greek Yogurt

櫻桃希臘優格

　　推薦一款香甜清爽的櫻桃希臘優格。櫻桃含有豐富的維他命 C，有助於皮膚健康，富含褪黑激素，能夠緩解失眠。這款櫻桃希臘優格具備營養，好看又好吃，今天就用這碗優格開啟健康的一天吧！

Time ───────

· 製作糖漬櫻桃：20-30 分鐘
· 初次分離乳清：4-6 小時
· 二次分離乳清：8 小時以上

Ingredients ───────

· 原味優格 900-1000㎖
　（分離乳清前的狀態）
　＋參考第 46-54 頁製作
· 冷凍櫻桃 350-400g
· 甜菊糖 30g
· 檸檬汁 15㎖

Recipe ───────

【製作糖漬櫻桃】

1　在碗裡放入冷凍櫻桃和甜菊糖攪拌，置於室溫，直到冷凍櫻桃解凍到能微微壓扁。

2　將櫻桃放入鍋中，用大火煮沸後多煮 4-5 分鐘。步驟①中櫻桃解凍時的汁液也全部加入。

3　加入檸檬汁，用中小火煮 5-8 分鐘。

4　關火後用餘溫繼續攪拌 2-3 分鐘。

5　充分冷卻後裝入密封容器中冷藏保存。

【完成】

6　將棉布放在罐口或大碗上，用橡皮筋把開口處綁緊，放入三分之一的原味優格和 2-3 大匙完全冷卻的糖漬櫻桃。這個步驟重複兩次，可根據個人喜好調整糖漬櫻桃的分量。

7　蓋上蓋子，依序進行初次分離乳清→二次分離乳清。
　　Tip. 參考第 47 頁製作原味希臘優格。

Apple Cinnamon
Greek Yogurt

蘋果肉桂希臘優格

蘋果和肉桂的組合非常適合冬天，如果使用當季蘋果味道就會更加濃郁。蘋果肉桂的味道就像蘋果派的內餡一樣，如果夾在酥脆的可頌麵包或是吐司裡，就能品嘗到「希臘優格蘋果派」！

Time ——————
· 製作糖漬蘋果肉桂：20-30 分鐘
  （＋醃漬 30 分鐘）
· 初次分離乳清：4-6 小時
· 二次分離乳清：8 小時以上

Ingredients ——————
· 原味優格 900-1000㎖
  （分離乳清前的狀態）
  ＋參考第 46-54 頁製作
· 蘋果 1 顆（250g）
· 肉桂粉 1g
· 甜菊糖 30g
· 檸檬汁 15㎖
· 水 100-150㎖

Recipe ——————

【製作糖漬蘋果肉桂】

1 蘋果洗淨去皮後切丁。

2 在碗裡放入蘋果丁、肉桂粉、甜菊糖和檸檬汁攪拌，醃漬 30 分鐘。

3 將醃好的蘋果丁和水放入鍋中，用中小火煮 8-10 分鐘，直到蘋果變軟，在熬煮的同時要持續攪拌。

4 達到一定的濃稠度後關火。用餘溫繼續攪拌 2 分鐘。

   Tip. 在達到黏稠的狀態之前，如果水分都蒸發，水果可能會燒焦，所以在熬煮的時候可以適時加入 1 大匙水。

5 充分冷卻後裝入密封容器中冷藏保存。

【完成】

6 將棉布放在罐口或大碗上，用橡皮筋把開口處綁緊，放入三分之一的原味優格和 2-3 大匙完全冷卻的糖漬蘋果肉桂。這個步驟重複兩次，可根據個人喜好調整糖漬蘋果肉桂的分量。

7 蓋上蓋子，依序進行初次分離乳清→二次分離乳清。

   Tip. 參考第 47 頁製作原味希臘優格。

Fig Greek Yogurt

無花果希臘優格

爆漿的新鮮無花果只有當季吃得到，所以是不能錯過的食材，但就算不是當季，使用無花果乾也有其獨特的魅力。用爆開的無花果籽和富有嚼勁的果肉製成的糖漬無花果，跟希臘優格也是天作之合。

Time

· 製作糖漬無花果：20-30 分鐘
· 初次分離乳清：4-6 小時
· 二次分離乳清：8 小時以上

Ingredients

· 原味優格 900-1000mℓ
  （分離乳清前的狀態）
  ＋參考第 46-54 頁製作

· 無花果乾 130-150g
· 肉桂粉 1g
· 甜菊糖 20g
· 水 100mℓ
· 檸檬汁 15mℓ

Recipe

【製作糖漬無花果】

1 無花果乾去蒂後切碎。

2 將無花果乾、肉桂粉、甜菊糖和水放入鍋中熬煮。

3 煮沸後加入檸檬汁，用中火熬煮 8-10 分鐘，直到變得黏稠。

   Tip. 在達到黏稠的狀態之前，如果水分都蒸發，水果可能會燒焦，所以在熬煮的時候可以適時加入 1 大匙的水。

4 充分冷卻後裝入密封容器中冷藏保存。

【完成】

5 將棉布放在罐口或大碗上，用橡皮筋把開口處綁緊，放入三分之一的原味優格和 2-3 大匙完全冷卻的糖漬無花果。這個步驟重複兩次，可根據個人喜好調整糖漬無花果的分量。

6 蓋上蓋子，依序進行初次分離乳清→二次分離乳清。

   Tip. 參考第 47 頁製作原味希臘優格。

| 更多風味 | 製作糖漬無花果時，如果用等量的紅茶或紅酒取代水，味道會變得濃郁又豐富。試著做看看吧！ |

Dried Persimmon

Greek Yogurt

糖漬柿餅希臘優格

將彈牙的柿餅製成糖漬柿餅再放入希臘優格，就能創造出新口味。在台灣流行的韓國點心「糖餅」，是在糖餅中加入種子，在原味優格中也可以放入糖漬柿餅和種子看看，不只好吃還很好看！會讓希臘優格的魅力倍增。

Time ———

- 製作糖漬柿餅：20-30 分鐘
- 初次分離乳清：4-6 小時
- 二次分離乳清：8 小時以上

Ingredients ———

- 原味優格 900-1000mℓ
  （分離乳清前的狀態）
  +參考第 46-54 頁製作
- 柿餅 150g（約 4-5 個）
- 甜菊糖 10-15g
- 水 100mℓ
- 肉桂粉 少許
  （根據個人喜好增減）
- 種子類（葵花籽、南瓜子等）
  30-40g

Recipe ———

【製作糖漬柿餅】

1 柿餅去蒂、去籽後切碎。

2 將柿餅、甜菊糖和水放入鍋中，用中火邊攪拌邊煮 8-10 分鐘。

3 加入肉桂粉，用中小火邊攪拌邊煮 5-8 分鐘，變得濃稠後關火。

4 放入種子攪拌均勻。

5 充分冷卻後裝入密封容器中冷藏保存。

【完成】

6 將棉布放在罐口或大碗上，用橡皮筋把開口處綁緊，放入三分之一的原味優格和 2-3 大匙完全冷卻的糖漬柿餅。這個步驟重複兩次，可根據個人喜好調整糖漬柿餅的分量。

7 蓋上蓋子，依序進行初次分離乳清→二次分離乳清。

Tip. 參考第 47 頁製作原味希臘優格。

Peach Greek Yogurt

水蜜桃希臘優格

　　酸甜的水蜜桃希臘優格是任何人都會喜歡的組合。多虧了冷凍水蜜桃和罐頭水蜜桃的出現，現在一年四季都可以享受水蜜桃，而且水蜜桃和伯爵紅茶的香味特別搭，所以可以跟伯爵奶茶希臘優格（第 112 頁）一起吃，或者直接把糖漬水蜜桃加在伯爵奶茶希臘優格裡面吃，真的很美味。

Time ————
- **製作糖漬水蜜桃**：20-30 分鐘
- **初次分離乳清**：4-6 小時
- **二次分離乳清**：8 小時以上

Ingredients ————
- 原味優格 900-1000㎖
  （分離乳清前的狀態）
  ＋參考第 46-54 頁製作
- 水蜜桃 350-400g
  （或水蜜桃罐頭）
- 甜菊糖 30g
- 檸檬汁 15㎖

Recipe ————

【製作糖漬水蜜桃】

1　水蜜桃洗淨去皮切成一口大小。

2　將水蜜桃、甜菊糖放入鍋中攪拌，用大火邊攪拌邊煮 5 分鐘。

3　加入檸檬汁後，轉成中火煮 8-10 分鐘，同時用搗碎器（或叉子）將水果搗碎，直到水蜜桃水分大量蒸散、變得黏稠。過程中要充分攪拌，以免燒焦。

4　關火後用餘溫繼續攪拌 2-3 分鐘。

5　充分冷卻後裝入密封容器中冷藏保存。

【完成】

6　將棉布放在罐口或大碗上，用橡皮筋把開口處綁緊，放入三分之一的原味優格和 2-3 大匙完全冷卻的糖漬水蜜桃。這個步驟重複兩次，可根據個人喜好調整糖漬水蜜桃的分量。

7　蓋上蓋子，依序進行初次分離乳清→二次分離乳清。
　　Tip. 參考第 47 頁製作原味希臘優格。

Banana Milk Greek Yogurt

香蕉牛奶希臘優格

「如果用調味乳取代原味牛奶，是否也能做出希臘優格？」我出於好奇而做出這個配方。我最先嘗試的就是香蕉牛奶，結果非常成功！草莓牛奶、香草牛奶、巧克力牛奶、哈密瓜牛奶等其他口味的牛奶也都可以試試看！大家也挑戰一下吧！

Time ————

· 準備：5 分鐘
· 發酵：8-10 小時
· 冷卻：3-4 小時
· 初次分離乳清：4-6 小時
· 二次分離乳清：8 小時以上

Ingredients ————

· 香蕉牛奶 400-500mℓ
· 原味牛奶 300-400mℓ
· 原味優酪乳 130-150mℓ
· 甜菊糖 30-40g
· 香蕉 1 條

Recipe ————

1 將香蕉牛奶、原味牛奶和原味優酪乳置於室溫 1 小時以上，待退冰後倒入碗中，加入甜菊糖攪拌均勻。

2 待牛奶發酵成優格後，放入冷藏室冷卻 1-2 小時。
   Tip. 參考第 46-54 頁製作過程。

3 保留香蕉形狀切成厚片或切丁。
   Tip. 加入香蕉後，顏色會變深，希臘優格完成後的顏色可能會呈現咖啡色。如果不需要那麼濃的香蕉味，這步驟可省略。

4 將棉布放在罐口或大碗上，用橡皮筋把開口處綁緊，放入步驟②的優格和香蕉。

5 蓋上蓋子，依序進行初次分離乳清→二次分離乳清。
   Tip. 參考第 47 頁製作原味希臘優格。

Chocolate Greek Yogurt

巧克力希臘優格

　　這款希臘優格融合苦澀和滑順巧克力的味道，就像高級甜點一樣，與市售巧克力牛奶的不同點是，有獨特的苦澀巧克力味和酸甜味，所以吃起來不膩。如果想感受更濃的甜味，可加入甜菊糖、阿洛酮糖等甜味食材。

Time

- **準備**：5 分鐘
- **發酵**：8-10 小時
- **冷卻**：3-4 小時
- **初次分離乳清**：4-6 小時
- **二次分離乳清**：8 小時以上

Ingredients

- 原味牛奶 900-1000㎖
- 原味優酪乳 130-150㎖
- 可可粉 30g
- 甜菊糖 30g
- 巧克力顆粒 30-50g
  （或可可粒）

Recipe

1 將牛奶和原味優酪乳置於室溫 1 小時以上，待退冰後倒入碗中，加入可可粉、甜菊糖攪拌均勻。

2 待牛奶發酵成優格後，放入冷藏室冷卻 1-2 小時。

3 將棉布放在罐口或大碗上，用橡皮筋把開口處綁緊，放入步驟②的巧克力優格和巧克力顆粒。
　　Tip. 要注意，如果食材沒有均勻混合，就只會累積在上端，這樣就不好看了。

4 蓋上蓋子，進行初次分離乳清→二次分離乳清。
　　Tip. 參考第 47 頁製作原味希臘優格。

製作大理石花紋

　　在步驟④分離乳清 2-3 小時後，趁希臘優格稍微變得黏稠時，放入巧克力糖漿並畫圈攪拌，做出大理石花紋。

製作水果巧克力口味的希臘優格

　　在步驟④分離乳清 2-3 小時後，趁希臘優格稍微變得黏稠時，放入 3-4 大匙的糖漬覆盆子、糖漬草莓等糖漬水果並攪拌均勻，即可製作出帶有酸甜果香的水果巧克力口味。可根據喜好調整糖漬水果的分量。

Vanilla Chocochip

Greek Yogurt

香草巧克力豆希臘優格

　　這款優格非常推薦給香草愛好者。香草味會在嘴巴中散開，清爽的香味縈繞在鼻尖，讓人心情愉悅，彷彿在吃香草冰淇淋。如果淋上濃縮咖啡糖漿或撒點可可粉，味道就會像是阿芙佳朵（Affogato）或提拉米蘇。

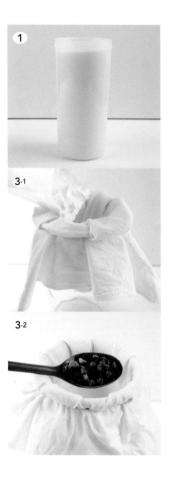

Time

- 準備：5 分鐘
- 發酵：8-10 小時
- 冷卻：3-4 小時
- 初次分離乳清：4-6 小時
- 二次分離乳清：8 小時以上

Ingredients

- 原味牛奶 900-1000㎖
- 原味優酪乳 130-150㎖
- 香草精 10-15g
- 甜菊糖 30g
- 巧克力豆 30-40g

Recipe

1　將牛奶和原味優酪乳置於室溫 1 小時以上，待退冰後倒入碗中，加入香草精、甜菊糖攪拌均勻。

2　待牛奶發酵成優格後，放入冷藏室冷卻 1-2 小時。

3　將棉布放在罐口或大碗上，用橡皮筋把開口處綁緊，放入步驟②的優格和巧克力豆，均勻攪拌後。

4　蓋上蓋子，依序初次分離乳清→二次分離乳清。

Tip. 參考第 47 頁製作原味希臘優格。

4 大方法讓香草味更濃郁	
1	加入香草口味的牛奶（原味牛奶 400-500㎖＋市售香草口味的牛奶 400-500㎖）。
2	用市售鮮奶油優格取代原味優酪乳，就能製作出更像是香草冰淇淋口味的希臘優格。
3	用香草阿洛酮糖取代甜菊糖。
4	撕開香草茶的茶包，將茶葉放入攪拌機中磨成細粉，加入步驟①一起發酵。

Yellow Cheese Greek Yogurt

巧達起士希臘優格

卡通《湯姆貓與傑利鼠》中的傑利鼠應該會非常喜歡充滿起士香味的希臘優格。這款又鹹又香的深黃色希臘優格適合塗在貝果、吐司和餅乾上,口感大加分。

Time ───────

· 10 分鐘

Ingredients ───────

· 已初次分離乳清的原味希臘優格 450-500g
　 ＋參考第 46-54 頁製作
· 起士口味餅乾 4 個(20-30g)
· 巧達起士粉 30g
· 帕瑪森起士粉 10g
· 甜菊糖 20g
· 鹽巴 3-5g

Recipe ───────

1　將起士口味的餅乾搗碎。在大碗裡放入巧達起士粉、帕瑪森起士粉、甜菊糖、鹽巴和餅乾碎塊後攪拌。

2　加入初次分離乳清的原味希臘優格,攪拌均勻。

　　Tip. 僅初次分離乳清的希臘優格,口感較柔軟,適合當抹醬。如果想要更濃稠的口感,就使用二次分離乳清的原味希臘優格。

Mugwort Injeolmi
Greek Yogurt

艾草黃豆希臘優格

這款希臘優格推薦給喜歡清香甜味的人。黃豆糕可說是韓式甜點的代名詞，當黃豆粉和清香的艾草粉遇上希臘優格，就能品嘗到濃郁的經典韓式古早味。

1-1

1-2

2

Time

- 準備：10 分鐘
- 初次分離乳清：4-6 小時
- 二次分離乳清：8 小時以上

Ingredients

- 原味優格 900-1000㎖
  （分離乳清前的狀態）
  ＋參考第 46-54 頁製作
- 黃豆粉 30g
- 艾草粉 30g
- 甜菊糖 40g

Recipe

1　準備兩個碗，一個碗中放入一半的原味優格、黃豆粉和一半的甜菊糖，另一個碗中放入剩餘的優格、艾草粉和剩餘的甜菊糖。

2　將棉布放在罐口或大碗上，用橡皮筋把開口處綁緊，依序放入一半的黃豆粉優格→一半的艾草粉優格，重複一次後蓋上蓋子，然後依序進行初次分離乳清→二次分離乳清。

　　Tip. 參考第 47 頁製作原味希臘優格。

更多風味	可以將艾草黃豆希臘優格像奶油一樣塗抹在柔軟的蛋糕上，如長崎蛋糕，或是在艾草黃豆希臘優格中加入小塊的黃豆糕。你將會發現，味道和口感變得豐富後，手就停不下來！

- 如果想要加入黃豆糕，可以切成小塊放入步驟②中。
- 如果想吃得更甜一點，可以增加甜菊糖的量或加入阿洛酮糖等糖量。

Red Bean Walnut
Greek Yogurt

紅豆核桃希臘優格

　　紅豆湯、紅豆刨冰、紅豆奶油麵包、紅豆冰淇淋等等，紅豆的用途非常豐富。

　　紅豆能促進血管健康、排出體內代謝物，真的和希臘優格很搭。可以自己在家做紅豆泥，或是把市售的紅豆羊羹切成小塊放進去，都會很好吃。

Time ———

- 準備：5 分鐘
- 初次分離乳清：4-6 小時
- 二次分離乳清：8 小時以上

Ingredients ———

- 原味優格 900-1000㎖
  （分離乳清前的狀態）
  ＋參考第 46-54 頁製作
- 紅豆粉 30g
- 甜菊糖 30g
- 紅豆羊羹 200g（或紅豆泥）
  ＋參考第 41 頁製作紅豆泥
- 烤核桃 30 克（或其他堅果）

Recipe ———

1　在碗裡放入原味優格、紅豆粉和甜菊糖攪拌均勻。

2　將棉布放在罐口或大碗上，用橡皮筋把開口處綁緊，依序放入步驟①、紅豆羊羹、烤核桃，扎實放滿後蓋上蓋子，依序進行初次分離乳清→二次分離乳清。
　　Tip. 參考第 47 頁製作原味希臘優格。

Mint Chocolate Greek Yogurt

薄荷巧克力希臘優格

薄荷清涼爽快的味道搭配柔軟綿密的希臘優格，結合成極具魅力的口味。可以使用薄荷粉，但為了讓非薄荷巧克力愛好者也能享受，這款配方使用的是更溫和的薄荷茶。

Time ———

· 準備：10 分鐘
· 發酵：8-10 小時
· 冷卻：1-2 小時
· 初次分離乳清：4-6 小時
· 二次分離乳清：8 小時以上

Ingredients ———

· 原味牛奶 900-1000㎖
· 原味優酪乳 130-150㎖
· 薄荷茶包 2-3 個（約 5g）
· 甜菊糖 30g
· 巧克力顆粒 30-40g

Recipe ———

1 將 100 毫升牛奶放入耐熱容器中，在微波爐中加熱 1 分 30 秒至 2 分鐘。

2 在熱牛奶中放入薄荷茶包泡 4-5 分鐘。

3 將剩餘的牛奶、原味優酪乳和甜菊糖加入薄荷奶茶中，攪拌均勻。

4 發酵成薄荷奶茶優格，放入冷藏室冷卻 1-2 小時。
   Tip. 參考第 46-54 頁製作

5 將棉布放在罐口或大碗上，用橡皮筋把開口處綁緊，放入步驟④薄荷奶茶優格和巧克力顆粒，然後蓋上蓋子，依序進行初次分離乳清→二次分離乳清。
   Tip. 參考第 47 頁製作原味希臘優格。

更濃郁的　撕開薄荷茶包，將裡面的茶葉放進攪拌機磨細後，放
薄荷口味　入步驟③中一起發酵，或者用市售薄荷粉 50-60g 取
　　　　　代薄荷茶包。使用薄荷粉就能做出顏色鮮明的薄荷色
　　　　　希臘優格。

延伸配方　做成薄荷口味的奧利奧希臘優格也很好吃。將 40-50g
　　　　　的奧利奧餅乾搗碎後，取代步驟⑤的巧克力顆粒再分
　　　　　離乳清。

Green Tea Chocoball

Greek Yogurt

綠茶巧克力球希臘優格

　　只要在希臘優格中加入苦澀的綠茶和香甜的巧克力，就能嘗到知名冰淇淋店人氣口味的低卡版。因為是自己做，所以甜度可以自由調整，如果喜歡，還可以放一大把巧克力球作為裝飾！

1-1

1-2

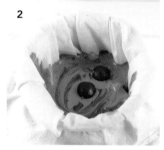

2

Time
· 準備：10 分鐘
· 初次分離乳清：4-6 小時
· 二次分離乳清：8 小時以上

Ingredients
· 原味優格 900-1000㎖
　（分離乳清前的狀態）
　＋參考第 46-54 頁製作
· 綠茶粉 20-30g
· 可可粉 20-30g
· 甜菊糖 40g
· 巧克力球 30-40g
　（或搗碎的巧克力）

Recipe
1　準備兩個碗，一個碗中放入一半的原味優格、綠茶粉和一半的甜菊糖，另一個碗中放入剩餘的優格、可可粉和剩餘的甜菊糖。

2　將棉布放在罐口或大碗上，用橡皮筋把開口處綁緊，依序放入一半的綠茶優格→一半的可可優格→一半的巧克力球，重複再堆疊一次，然後蓋上蓋子，依序進行初次分離乳清→二次分離乳清。

　　Tip. 參考第 47 頁製作原味希臘優格。

| 更多 風味 | 可以用抹茶粉、艾草粉、南瓜粉等取代綠茶粉，搭配巧克力球的滋味也很豐富。 |

Green Tea Strawberry
Cheesecake Greek Yogurt

抹茶草莓起士蛋糕希臘優格

　　清香的抹茶、酸甜的糖漬草莓、柔軟的起士蛋糕，這三者相遇後將各自的味道發揮到極致。如果喜歡抹茶的味道，請減少抹茶粉之外的其他食材分量，這樣就能製作出茶香更明顯的希臘優格。

Time ———

· 準備：5 分鐘
· 初次分離乳清：4-6 小時
· 二次分離乳清：8 小時以上

Ingredients ———

· 原味優格 900-1000㎖
　（分離乳清前的狀態）
　＋參考第 46-54 頁製作
· 抹茶粉 30g
　（或綠茶粉）
· 甜菊糖 20-30g
· 市售起士蛋糕 1 塊
　（90-100g）
· 糖漬草莓 30g
　＋參考第 63 頁製作

Recipe ———

1　在碗裡放入原味優格、抹茶粉和甜菊糖攪拌，將起士蛋糕切成一口大小。

2　將棉布放在罐口或大碗上，用橡皮筋把開口處綁緊，依序放入步驟①的綠茶優格、糖漬草莓和起士蛋糕，扎實放滿後，蓋上蓋子，依序進行初次分離乳清→二次分離乳清。

　　Tip. 參考第 47 頁製作原味希臘優格。

OREO Cookie Greek Yogurt

奧利奧希臘優格

　　這是我會強烈推薦給希臘優格入門者的食譜之一，大理石的黑白紋路格外吸睛，就像在吃哈根達斯的淇淋巧酥冰淇淋一樣。如果想品嘗濃郁的奧利奧希臘優格，關鍵是在分離乳清的步驟加入更多奧利奧餅乾及抹醬！

Time ———

· 奧利奧抹醬：10 分鐘
· 初次分離乳清：4-6 小時

Ingredients ———

· 已初次分離乳清的原味希臘優格
　450-500g
　＋參考第 46-54 頁製作

▶ 奧利奧抹醬
· 奧利奧餅乾 12 片（100g）
· 牛奶 30-40㎖
· 甜菊糖 20-30g
· 香草精 3g

Recipe ———

1　取 8 個奧利奧餅乾，轉開後刮除奶油，全部搗碎。

2　在大碗裡倒入牛奶，放進微波爐加熱 30 秒。將剩餘的奧利奧抹醬材料全部加入，攪拌後冷卻（奧利奧抹醬完成）。

　　Tip. 若沒有馬上使用請冷藏保存。使用前再將凝固的抹醬放入微波爐加熱 30 秒。

3　將希臘優格和奧利奧抹醬混合。

　　Tip. 如果希望質地更濃稠，就要進行二次分離乳清的過程。

| 更濃郁的風味 | 用鮮奶油取代牛奶，並在步驟②中加入 1 大匙奶油，味道就更濃郁、更溫和。 |

Almond Bonbon

Greek Yogurt

杏仁可可希臘優格

　　我第一次公開這款希臘優格的時候，很多人問
「這真的是希臘優格嗎？」。這款優格的特色是在分
離乳清的過程中，自然地做出大理石花紋和色澤。
你會感受到自製希臘優格的另一層樂趣和滋味。

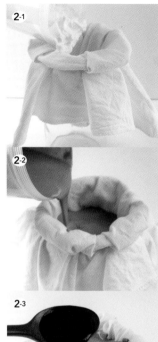

Time ————

· 準備：5 分鐘
· 初次分離乳清：4-6 小時
· 二次分離乳清：8 小時以上

Ingredients ————

· 巧克力優格 900-1000㎖
　（分離乳清前的狀態）
　＋參考第 85 頁製作

· 原味優格 900-1000㎖
　（分離乳清前的狀態）
　＋參考第 46-54 頁製作

· 巧克力糖漿 30-40g
· 杏仁 15-20 個

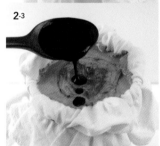

Recipe ————

1　先準備好巧克力優格和原味優格。

　Tip. 也可以用香草巧克力豆優格取代原味優格（做到第 87 頁
　步驟②的優格）。

2　將棉布放在罐口或大碗上，用橡皮筋把開口處綁
　緊，依序放入原味優格、巧克力優格、巧克力糖漿
　和杏仁，然後蓋上蓋子，依序進行初次分離乳清→
　二次分離乳清。

　Tip. 這個食譜分量是其他希臘優格的兩倍，請準備能裝 2 公
　升的大棉布和罐子，或分兩次分離乳清。

Hazelnut Latte Greek Yogurt

榛果拿鐵希臘優格

　　這款希臘優格充滿咖啡香，無論是在一天的開始或結束時享用都很適合。咖啡的種類真的很多，所以也可以做出很多種咖啡口味的希臘優格。在疲憊的日子、憂鬱的日子，透過吃一口咖啡希臘優格來感受悠閒吧！如果擔心咖啡因，可以選擇低咖啡因的咖啡。

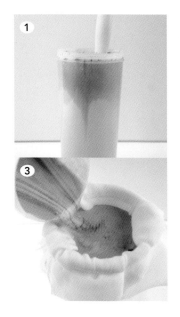

Time ─────

- 準備：5 分鐘
- 發酵：8-10 小時
- 冷卻：1-2 小時
- 初次分離乳清：4-6 小時
- 二次分離乳清：8 小時以上

Ingredients ─────

- 原味牛奶 900-1000㎖
- 原味優酪乳 130-150㎖
- 即溶榛果咖啡粉 5-6 包
　（1 包約 1g，依喜好增減）
- 甜菊糖 20-30g

Recipe ─────

1　將牛奶和原味優酪乳置於室溫 1 小時以上，待退冰後倒入碗中，加入咖啡粉、甜菊糖攪拌均勻。

2　待牛奶發酵成優格後，放入冷藏室冷卻 1-2 小時。

3　將棉布放在罐口或大碗上，用橡皮筋把開口處綁緊，輪流放入步驟②的咖啡優格，然後蓋上蓋子，依序進行初次分離乳清→二次分離乳清。

　　Tip. 參考第 47 頁製作原味希臘優格。

Sweet Potato Mango

Greek Yogurt

地瓜芒果希臘優格

　　地瓜和芒果的組合就像甜點一樣，真的很適合全部混合製成希臘優格，也可以依序疊加地瓜泥、糖漬芒果、原味希臘優格。不管用什麼方法做都很好吃，盡情享受吧！

Time ───────

· 製作糖漬芒果：20-30 分鐘
· 初次分離乳清：4-6 小時
· 二次分離乳清：8 小時以上

Ingredients ───────

· 原味優格 900-1000㎖
　（分離乳清前的狀態）
　＋參考第 46-54 頁製作
· 冷凍芒果 350-400g
· 甜菊糖 30g
· 檸檬汁 15㎖
· 煮過或烤過的地瓜 250-300g
　（約 2-3 個大地瓜）

Recipe ───────

【製作糖漬芒果】

1　在碗裡放入芒果和甜菊糖後攪拌，置於室溫，直到冷凍芒果解凍到能微微壓扁。

2　將芒果放入鍋中，用大火煮，煮沸後多煮 4-5 分鐘。步驟①中芒果解凍時的汁液也全部加入。

3　加入檸檬汁轉至中火煮 5-8 分鐘，同時用搗碎器（或叉子）將芒果搗碎。中間要充分持續攪拌，以防芒果燒焦。

4　水分蒸散、變得黏稠後關火，用餘溫繼續攪拌 2-3 分鐘。

5　充分冷卻後裝入密封容器中冷藏保存。

【完成】

6　地瓜切成小塊。

7　將棉布放在罐口或大碗上，用橡皮筋把開口處綁緊。輪流放上原味優格、地瓜、糖漬芒果，扎實放滿後，蓋上蓋子，依序進行初次分離乳清→二次分離乳清。

Tip. 參考第 47 頁製作原味希臘優格。

Sweet Potato Mont Blanc

Greek Yogurt

地瓜蒙布朗希臘優格

　　香草和栗子泥的組合就是頂級的蒙布朗，而希臘優格也能做出如此高級的甜點界。「蒙布朗」一詞源自於阿爾卑斯山脈被白雪覆蓋的白色山頭，白色的希臘優格也讓人聯想到阿爾卑斯山脈，還加入了香甜的地瓜乾，口感值得期待。

Time ────────

- 準備：20 分鐘
- 發酵：8-9 小時
- 冷卻：3-4 小時
- 初次分離乳清：4-6 小時
- 二次分離乳清：8 小時以上

Ingredients ────────

- 原味牛奶 900-1000㎖
- 原味優酪乳 130-150㎖
- 甜菊糖 30g
- 甘栗仁 80g
  （或栗子泥、栗子醬）
- 地瓜乾 50-60g
  （或煮過、烤過的地瓜）
- 香草精 13g
- 肉桂粉 3g
- 阿洛酮糖 1-2 大匙
  （根據喜好增減）

Recipe ────────

1　將牛奶和原味優酪乳置於室溫 1 小時以上，待退冰後倒入碗中，加入甜菊糖攪拌均勻。

2　待牛奶發酵成優格後，放入冷藏室冷卻 1-2 小時。
　　Tip. 參見第 46-54 頁製作。

3　將甘栗仁切成二至三等分，地瓜乾切碎。

4　將甘栗仁、地瓜乾、香草精、肉桂粉和阿洛酮糖放入碗中攪拌均勻，靜置 10 分鐘。

5　將棉布放在罐口或大碗上，用橡皮筋把開口處綁緊。接著，放入步驟②的優格、步驟④的甘栗仁和地瓜乾等食材，混勻即可食用。
　　Tip. 參考第 47 頁製作原味希臘優格。

Purple Sweet Potato&Pumpkin
Greek Yogurt

紫地瓜與南瓜希臘優格

紫色地瓜搭配黃色南瓜,這款吸睛的希臘優格讓人想起了秋天。也許是這個原因,這款優格更適合在開始起風的日子品嘗。

Time ———

· 準備:10 分鐘
· 初次分離乳清:4-6 小時
· 二次分離乳清:8 小時以上

Ingredients ———

· 原味優格 900-1000㎖
　(分離乳清前的狀態)
　＋參考第 46-54 頁製作

· 紫地瓜粉 20-30g
· 南瓜粉 20-30g
· 甜菊糖 40g
· 蒸熟的南瓜 30-40g
· 蒸熟的紫地瓜 30-40g

Recipe ———

1　準備兩個碗,一個碗中放入一半的原味優格、紫地瓜粉和一半的甜菊糖並攪拌,另一個碗中放入剩餘的優格、南瓜粉和剩餘的甜菊糖並攪拌。

2　將蒸過的南瓜和蒸過的紫地瓜切成一口的大小。

3　將棉布放在罐口或大碗上,用橡皮筋把開口處綁緊,依序放入一半的南瓜優格→一半的蒸南瓜→一半的紫地瓜優格→一半的蒸紫地瓜,重複一次,扎實放滿後再蓋上蓋子,依序進行初次分離乳清→二次分離乳清。

Tip. 參考第 47 頁製作原味希臘優格。

Earl Grey Milk Tea

Greek Yogurt

伯爵奶茶希臘優格

　　這款希臘優格的味道和香味都是濃郁的高級伯爵茶，很適合當成餅乾和司康的抹醬，享受甜點時光。要注意的是，伯爵茶如果用太熱的牛奶泡，澀味可能會變明顯，溫熱即可。

Time

- ·準備：10 分鐘
- ·發酵：8-10 小時
- ·冷卻：3-4 小時
- ·初次分離乳清：4-6 小時
- ·二次分離乳清：8 小時以上

Ingredients

- ·原味牛奶 900-1000㎖
- ·原味優酪乳 130-150㎖
- ·伯爵茶茶包 2-3 個（約 5g）
- ·紅糖 30g（或甜菊糖）

Recipe

1　將 100 毫升牛奶放入耐熱容器中，在微波爐中加熱 1 分 30 秒-2 分鐘，放入伯爵茶包泡 3-4 分鐘。

2　將剩餘的牛奶、原味優酪乳和紅糖加入伯爵奶茶中，攪拌均勻。

　　Tip. 撕開茶包，將裡面的茶葉放進攪拌機磨細後，放入牛奶中一起發酵，就可以製作出更濃郁的伯爵奶茶希臘優格。

3　待牛奶發酵成優格後，放入冷藏室冷卻 1-2 小時。

　　Tip. 參見第 46-54 頁製作。

4　將棉布放在罐口或大碗上，用橡皮筋把開口處綁緊，放入步驟③的伯爵奶茶優格，蓋上蓋子，依序進行初次分離乳清→二次分離乳清。

　　Tip. 參考第 47 頁製作原味希臘優格。

更多風味

- **· 草莓伯爵奶茶希臘優格**
在步驟④中分次加入糖漬草莓 40-50g。

- **· 藍莓伯爵奶茶希臘優格**
在步驟④中分次加入糖漬藍莓 40-50g。

- **· 柚子伯爵奶茶希臘優格**
在步驟④中分次加入柚子醬 40-50g。

- **· 巧克力伯爵奶茶希臘優格**
在步驟④中分次加入巧克力豆或巧克力糖漿 40-50g。

Coconut Greek Yogurt

椰奶希臘優格

　　椰奶是健康的食材，能讓各種料理增添風味，把這種椰奶做成希臘優格，健康感就會翻倍，味道也會提升；如果再加上有嚼勁的椰果，也能變身一道大人小孩都愛的甜點。這個配方如果只放椰奶，改用素食優格菌發酵，就能品嘗到純素的希臘優格。

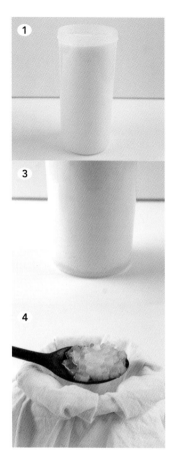

Time ———

- 準備：5 分鐘
- 發酵：8-10 小時
- 冷卻：1-2 小時
- 初次分離乳清：4-6 小時
- 二次分離乳清：8 小時以上

Ingredients ———

- 原味牛奶 400-500㎖
- 椰奶 500㎖
- 原味優酪乳 130-150㎖
- 甜菊糖 30g
- 鹽巴 少許
- 椰果 50g（或鳳梨）

Recipe ———

1　將牛奶、椰奶和原味優格乳置於室溫 1 小時以上，待退冰後倒入碗中，加入甜菊糖、鹽巴攪拌均勻。

2　待步驟①發酵成優格後，放入冷藏室冷卻 1-2 小時。
　　Tip. 參考第 46-54 頁製作。

3　步驟②的椰子優格會分層，所以拿出冰箱時，要上下搖晃混合均勻。

4　將棉布放在罐口或大碗上，用橡皮筋把開口處綁緊，放入混合均勻的椰子優格和椰果，蓋上蓋子，依序進行初次分離乳清→二次分離乳清。
　　Tip. 參考第 47 頁製作原味希臘優格。

更美味地享受	・也可以同時放入椰果和鳳梨，鳳梨切成一口的大小，更有南洋風味。 ・把口感酥脆的椰子片放在上面點綴，增加口感。

Peanut Butter&Jelly

Greek Yogurt

花生果醬希臘優格

　　你聽過花生醬與果醬這個組合嗎？將兩片吐司烤得金黃後，一片抹上花生醬，另一片抹上果醬再合起來吃，就是美國大眾的點心。味道濃郁的花生醬搭配清爽的果醬，讓兩者的優點發揮到極致，這個組合也很適合希臘優格。盡情享受濃郁花生醬優格和自製的糖漬水果的完美結合吧！

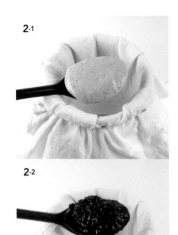

2-1

2-2

Time ────

· 準備：5 分鐘
· 初次分離乳清：4-6 小時
· 二次分離乳清：8 小時以上

Ingredients ────

· 原味優格 900-1000㎖
　（分離乳清前的狀態）
　＋參考第 46-54 頁製作

· 花生醬 50-60g
· 花生粉 20g
· 鹽巴 少許
· 糖漬覆盆子 40-50g
　＋參考第 65 頁製作

Recipe ────

1　在碗裡放入原味優格、花生醬、花生粉和鹽巴後攪拌均勻。
　　Tip. 如果花生醬凝固，就放入微波爐中加熱 30 秒，攪拌使其呈奶油狀。

2　將棉布放在罐口或大碗上，用橡皮筋把開口處綁緊，依次放入步驟①的花生醬優格和糖漬覆盆子，扎實放滿後蓋上蓋子，依序進行初次分離乳清→二次分離乳清。
　　Tip. 參考第 47 頁製作原味希臘優格。

Lotus Hazelnut Greek Yogurt

蓮花餅乾榛果希臘優格

　　蓮花餅乾很適合和咖啡一起享用，加入口感綿密的希臘優格中，也能為整體增添豐富層次。充滿焦糖香和肉桂香的甜鹹蓮花餅乾抹醬搭配香味濃郁的榛果，一定要試試看！

1-1

1-2

Time ——

・自製蓮花餅乾榛果抹醬：10 分鐘
・初次分離乳清：4-6 小時

Ingredients ——

・已初次分離乳清的原味
　希臘優格 450-500g
　＋參考第 46-54 頁製作

▶ 蓮花餅乾榛果抹醬
・蓮花餅乾 12 個
・榛果 20-30g
・牛奶 30-40㎖
・甜菊糖 20-30g
・葡萄籽油 1 大匙
・鹽巴 少許

2

Recipe ——

1　將蓮花餅乾搗碎，榛果分切成二至三等分的小塊。

2　將牛奶倒入大碗中，放入微波爐加熱 30 秒。將剩餘的蓮花餅乾榛果抹醬食材全部加入，混合後冷卻（蓮花餅乾榛果抹醬完成）。

　　Tip. 如果想品嘗更扎實的希臘優格，可以再微波加熱 30 秒。

　　Tip. 若沒有馬上食用請冷藏保存。食用前再將凝固的抹醬放入微波爐加熱 30 秒。

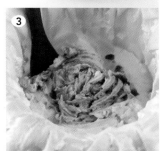

3

3　將希臘優格和蓮花餅乾榛果抹醬混合。

　　Tip. 如果想要更濃稠的質地，就進行二次分離乳清的步驟。

更濃郁
的風味 ｜ 用鮮奶油取代牛奶，並在步驟②中加入 1 大匙奶油，味道就更加濃郁。

Mammoth Bread
Greek Yogurt

韓式猛獁希臘優格

　　你知道韓國的猛獁麵包嗎？就是在菠蘿麵包中間夾著甜甜的草莓醬、紅豆和奶油，這是充滿回憶的麵包。這款猛獁希臘優格就是利用這些食材做的，是我最喜歡的希臘優格。你會再次感受到希臘優格變化的樂趣。

1-1

1-2

Time ───────

· 準備：10 分鐘
· 初次分離乳清：4-6 小時
· 二次分離乳清：8 小時以上

Ingredients ───────

· 原味優格 900-1000㎖
　（分離乳清前的狀態）
　＋參考第 46-54 頁製作

· 糖漬草莓 60-70g
　＋參考第 63 頁製作

· 紅豆泥 50-60g（或紅豆羊羹）
　＋參考第 41 頁製作

· 酥菠蘿 50-60g
　＋參考第 39 頁製作

Recipe ───────

1　將棉布放在罐口或大碗上，用橡皮筋把開口處綁緊。依次放入原味優格、糖漬草莓、紅豆泥和酥菠蘿後蓋上蓋子，依序進行初次分離乳清→二次分離乳清。
　　Tip. 參考第 47 頁製作原味希臘優格。

Pumpkin Latte Greek Yogurt

南瓜拿鐵希臘優格

　　這款希臘優格突顯了食材天然的味道。只要將南瓜粉和肉桂粉換成其他粉，就能自由變化出更多與眾不同的口味。製作屬於自己的獨特希臘優格並沒有想像中那麼難。

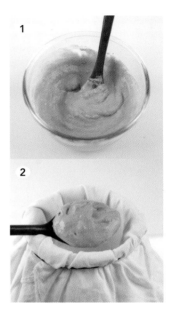

Time ————

· 準備：5 分鐘
· 初次分離乳清：4-6 小時
· 二次分離乳清：8 小時以上

Ingredients ————

· 原味優格 900-1000mℓ
　（分離乳清前的狀態）
　＋參考第 46-54 頁製作

· 南瓜粉 30-40g
· 肉桂粉 5g
· 甜菊糖 30g

Recipe ————

1　在碗裡放入南瓜粉、肉桂粉、甜菊糖，攪拌均勻後加入原味優格攪拌。

2　將棉布放在罐口或大碗上，用橡皮筋把開口處綁緊，放入步驟①的優格後蓋上蓋子，依序進行初次分離乳清→二次分離乳清。

　Tip. 原味希臘優格製作參考第 47 頁。

更濃郁的風味	將烤過或蒸過的南瓜（或栗子南瓜）切成一口大小，加入步驟②中，就能品嘗到豐富濃厚的南瓜希臘優格。

Fruit Marmalade
Greek Yogurt

柑橘果醬希臘優格

　　一般常見就是將果醬搭配做好的優格，但是我要介紹更美味的方法，可以在製作希臘優格的過程中放入柑橘類果醬，這樣就能嘗到散發淡淡果香的希臘優格。只要會做一款，之後就可以讓希臘優格千變萬化！

Time ————

· 準備：5 分鐘
· 初次分離乳清：4-6 小時
· 二次分離乳清：8 小時以上

Ingredients ————

· 原味優格 900-1000㎖
　（分離乳清前的狀態）
　＋參考第 46-54 頁製作

· 果醬 80-100g

Recipe ————

1　在碗裡放入原味優格和果醬攪拌均勻。

2　將棉布放在罐口或大碗上，用橡皮筋把開口處綁緊，放入步驟①的優格後蓋上蓋子，依序進行初次分離乳清→二次分離乳清。

　　Tip. 原味希臘優格製作參考第 47 頁。

　　Tip. 此處使用的是帶有柑橘皮的 Marmalade 柑橘果醬，也可以自行換成其他喜歡的果醬。

Chapter 4

Greek Yogurt Home Café Dessert

希臘優格人氣甜點 11 道

說起「希臘優格甜點」，只會想到一碗優格
裡裝著新鮮水果和香脆穀麥嗎？那麼請注意
看這一章。我會用希臘優格做出蛋撻、起士
蛋糕、布朗尼等多種烘焙甜品，甚至還有冰
淇淋和可麗餅！全都是比一般甜點更健康、
更美味的希臘優格甜點單品。

Greek Yogurt Fruit Oatmeal Tarte

希臘優格水果燕麥塔

　　在燕麥塔皮裡填入水果和希臘優格餡,就是美味又健康的甜點。可以根據個人喜好調整配料,放上當季或自己喜歡的水果,度過讓視覺和味覺都愉悅的甜點時光吧!

6

7

Time ———

· 製作塔皮:25 分鐘(+冷卻)
· 完成:10 分鐘

Ingredients ———

每份直徑約 9-10cm,共 3 份

· 已初次分離乳清的原味希臘
  優格 150g
  +參考第 46-54 頁製作
· 甜菊糖 10g(1 大匙)
· 糖漬藍莓 45-60g(3 大匙,
  或其他糖漬水果)
  +參考第 68 頁製作
· 葡萄、香草 少許
  (可改成堅果、巧克力、其
  他水果)

▶ 燕麥塔皮
· 香蕉 1 條
· 燕麥片 150g
· 花生醬 30g
· 阿洛酮糖 30g
· 肉桂粉 1.5g
· 鹽巴 少許

Recipe ———

1　香蕉去皮後放入碗中,用叉子或搗碎器搗碎。

2　將其餘的塔皮食材全部加入攪拌。

3　將步驟②分成三等分,分別放入塔模中,用力壓出碗的形狀。

4　將步驟③的塔皮放在烤盤上,放入預熱至 180℃的烤箱中烤 10-12 分鐘,直到呈金黃色。

5　從烤箱中取出,充分冷卻後,將塔皮脫模。

6　在每個塔皮內側各塗上 1 大匙糖漬藍莓。

7　另準備大碗裡放入希臘優格和甜菊糖,混合後分成三等分放在步驟⑥上面。

8　在表面依喜好用葡萄、香草,或其他喜歡的堅果、水果裝飾即可。

Greek Yogurt
Black Sesame Tiramisu

希臘優格黑芝麻提拉米蘇

　　甜點控都看過來！濃縮咖啡浸濕的蛋糕體搭配馬斯卡彭起司，提拉米蘇本身是一款充滿幸福感的甜點，但熱量方面卻讓人相當罪惡。如果是用希臘優格做的，就能毫無負擔地享受！請品嘗看看這道健康版的美味提拉米蘇吧！

Time

· 20 分鐘（＋發酵 30 分鐘）

Ingredients

· 已初次分離乳清的原味希臘
　優格 200g
　＋參考第 46-54 頁製作
　＋如果想要濃稠，可以使用二
　次分離乳清的希臘優格
· 即溶美式咖啡粉 1 包（約 1g）
· 熱水 30㎖

· 阿洛酮糖 15-20g
· 原味牛奶 30-40㎖
· 甜菊糖 20-25g
· 黑芝麻粉 30g＋5g
· 長崎蛋糕 100g（或磅蛋糕）

Recipe

1　在碗裡將咖啡粉、熱水、阿洛酮糖拌勻。

2　在另一個碗裡放入希臘優格、牛奶、甜菊糖和 30 克
　的黑芝麻粉，攪拌成黑芝麻優格醬。
　Tip. 為了呈現柔軟的鮮奶油質感，可分次加入牛奶調整濃度。

3　將黑芝麻優格醬放入擠花袋中。

4　在盛裝提拉米蘇的器皿最底層放入切小塊的長崎蛋
　糕，倒入步驟①的咖啡浸溼。

5　擠上一層黑芝麻優格醬後，再重複放上長崎蛋糕並擠
　入黑芝麻優格醬。

6　最後將剩餘的 5g 黑芝麻粉撒在上面，放入冰箱冷藏
　30 分鐘即可食用。

更多｜放入黃豆粉、綠茶粉、巧克力粉等取代黑芝麻粉，就能品
風味｜嘗到各種味道的提拉米蘇。

Greek Yogurt Brownie

希臘優格布朗尼

　　這款布朗尼製作起來簡單，味道迷人，食材又健康。用大量的希臘優格取代奶油，突顯出牛奶的香醇和滑順，加上濃郁的可可香與綿密口感，簡直就是我的最愛！再放一勺香草冰淇淋就更幸福了！

Time

· 35 分鐘（＋冷卻）

Ingredients

· 已初次分離乳清的原味希臘優格 150g
　＋參考第 46-54 頁製作
· 雞蛋 2 顆
· 香草精 1 小匙
· 杏仁粉 40g
· 可可粉 30g
· 黑巧克力 30g
· 甜菊糖 50g
· 鹽巴 1.5g
· 橄欖油 20g
· 小蘇打粉 1-2g
· 杏仁片 1-2 大匙（或堅果類）

Recipe

1　在碗裡放入雞蛋和香草精，攪拌均勻後，加入希臘優格，再用打蛋器攪拌拌勻，以免結塊。

2　將杏仁片之外的其他材料全部放進去，攪拌均勻，直到看不到粉末為止。

3　在烤盤上鋪烘焙紙，把麵糊全部倒進去。

4　平均放上杏仁片。

5　在已經預熱至 180℃的烤箱中烤 20 至 25 分鐘。如果用木筷戳入沒有沾到麵糊，就表示烤好了。

6　從烤箱中取出，放在冷卻架上冷卻。

　Tip. 製作後最好馬上冷藏，在冰箱靜置一天會更好吃。

Greek Yogurt Cheese cake

希臘優格起士蛋糕

　　沒有奶油乳酪也可以做出起士蛋糕，祕訣就是希臘優格！使用的不是已經分離許多乳清的濃稠希臘優格，而是只分離一次乳清的軟質版本。烤過的起士蛋糕至少要放在冷藏室中冷卻一個小時，吃起來才會柔軟。如果在烤箱裡放久一點，吃起來就像是巴斯克乳酪蛋糕。

Time ———

・25 分鐘（＋冷卻、＋冷藏靜置 1 小時）

Ingredients ———

1 個直徑約 11-12cm 的蛋糕

・已初次分離乳清的原味希臘優格 200g
　＋參考第 46-54 頁製作

・雞蛋 1 個
・甜菊糖 50g
・杏仁粉 35g
・小蘇打粉 1-2g
・香草精 1-2g
・鹽巴 少許

Recipe ———

1　在碗裡放入雞蛋打散後，放入希臘優格和甜菊糖攪拌均勻。

2　加入杏仁粉、小蘇打粉、香草精和鹽巴，攪拌成麵團備用。

3　將麵團倒入蛋糕模具中，放入已經預熱至 180℃ 的烤箱中烤 10-15 分鐘。用木筷戳入蛋糕，如果沒有沾到麵糊，就表示烤好了。

4　從烤箱中取出，放在冷卻架上冷卻後，放入冷藏室至少 1 小時。可以根據個人喜好搭配糖漬水果享用。

★冷藏可保存 5 天

Custard Greek Yogurt Toast

卡士達希臘優格吐司

　　在網路上瘋傳的卡士達吐司也可以做成低熱量的版本。配料除了換成水果之外，還可以換成巧克力、果乾、堅果等自己喜歡的食材。這款料理用簡單的食材就能輕鬆製作，作為居家咖啡廳裡的美麗甜點毫不遜色。

Time ————

· 25 分鐘

Ingredients ————

· 已二次分離乳清的原味
　希臘優格 60g
　＋參考第 46-54 頁製作

· 吐司 2 片
· 雞蛋 1 個
· 香草精 1-2g
· 阿洛酮糖 15g
　（或楓糖等糖漿）
· 冷凍藍莓 20-40g
　（或覆盆子等其他莓果）
· 肉桂粉 少許
　（或糖粉）

Recipe ————

1　在碗裡放入雞蛋打散後，加入希臘優格、香草精、阿洛酮糖攪拌，製成卡士達優格。

2　在吐司中間用叉子或湯匙用力按壓出凹洞，製造出一個空間。

3　將步驟①的卡士達優格填滿吐司的空間。

4　放入冷凍藍莓後，用已經預熱至 170-180℃的烤箱或氣炸鍋烤 10-12 分鐘，烤到吐司邊和卡士達優格呈金黃色。

5　撒上肉桂粉。

更多風味｜在步驟①中加入 1 大匙可可粉，就能做成卡士達巧克力優格。如果無法充分混合，請加入 1-2 小匙的牛奶，調整濃度。

Greek Yogurt Fruit Sandwich

希臘優格水果三明治

　　一口咬下，清爽的水果和滑順的希臘優格就會在嘴巴裡散開。希臘優格水果三明治用清淡的希臘優格取代鮮奶油，熱量較低，水果還可以換成櫻桃、橘子、無花果等當季水果。根據個人喜好製作出好吃又好看的甜點吧！

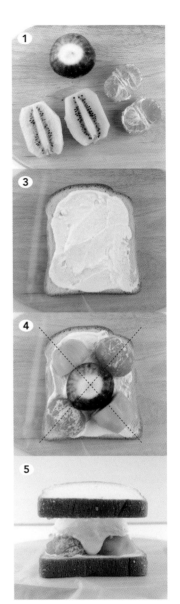

Time ———

· 30 分鐘

Ingredients ———

· 已初次分離乳清的原味希臘優格 150g
　＋參考第 46-54 頁製作

· 吐司 2 片
· 奇異果 1 個
· 橘子 1 個
· 無花果 1 個
　（可依個人喜好替換）
· 阿洛酮糖 15-20g

Recipe ———

1　奇異果和橘子去皮，切成兩半，無花果去蒂。

2　在碗中加入希臘優格、阿洛酮糖，製成優格鮮奶油。

3　撕下比吐司大兩倍的保鮮膜後，呈菱形平鋪在砧板上，在上面放一片吐司，再放上一大匙步驟②的優格鮮奶油，塗抹成薄薄一層。

4　將喜好的水果都放上去。
　Tip. 水果擺放時先預想好要切的方向，切面才會漂亮。

5　再將剩下的優格鮮奶油全部放上去，抹均勻後，再用另一片吐司蓋上。

6　用保鮮膜緊緊包起來，放入冷凍庫 15-20 分鐘，讓優格鮮奶油凝固。吃之前再取出，切成適合食用的大小。
　Tip. 用保鮮膜包兩層包緊，更容易定型。

No-Bake Frozen
Greek Yogurt Bar

無烤箱優格穀物棒

　　這個健康的穀物棒是不需要烤箱也能做的「無烤箱料理」，可以取代正餐，也可以作為零食享用。搭配前面介紹的 31 款不同風味的希臘優格，就能創造出無窮無盡的穀物棒！點綴的水果可以換成當季或者自己喜歡的水果。

Time ———

· 50 分鐘

Ingredients ———

· 已初次分離乳清的原味希臘優格 80g
　＋參考第 46-54 頁製作

· 甜菊糖 10g
· 香蕉 1/2 個
· 燕麥片 60g
· 穀片 40g
· 花生醬 50g

· 堅果碎 10-20g
· 鹽巴 少許
· 阿洛酮糖 15-20g
　（或楓糖等糖漿）
· 冷凍莓果 30g
　（或新鮮、糖漬莓果）
· 杏仁片 10g
· 黑巧克力 30g

Recipe ———

1　在碗中放入希臘優格和甜菊糖攪拌均勻。

2　將去皮的香蕉放入碗中搗碎，加入燕麥片、穀片、花生醬、堅果碎、鹽巴、阿洛酮糖，揉成一團。
　　Tip. 將花生醬微波加熱 10-20 秒左右，更容易成型。

3　將麵團分裝於模具或可冷凍的密封容器中，用力壓實。

4　依序放上步驟①、冷凍莓果、杏仁片，再放入冷凍庫 30 分鐘定型。

5　將黑巧克力微波加熱 30 秒至 1 分鐘後，淋在穀物棒上，待定型後從模具中取出即可。

Greek Yogurt Doughnut

希臘優格甜甜圈

　　這個甜甜圈伴隨著帕瑪森起士香，還有一股淡淡的優格奶香。這款用烤的希臘優格甜甜圈是用希臘優格取代奶油製作，不經油炸，味道清爽，讓人無法忘懷。入口後的嚼勁讓人一吃就愛上。

Time ───────

· 35-40 分鐘（＋冷卻）

Ingredients ───────

· 已初次分離乳清的原味
　希臘優格 70g
　＋參考第 46-54 頁製作

· 雞蛋 1/2 個
· 阿洛酮糖 30g
· 杏仁粉 50g
· 帕瑪森起士粉 20g
· 鹽巴 1.5g
· 燕麥粉 10g
　（或低筋麵粉）
· 小蘇打粉 1g

Recipe ───────

1　在碗裡放入希臘優格、雞蛋、阿洛酮糖後攪拌。

2　加入杏仁粉、帕瑪森起士粉、鹽巴、燕麥粉和小蘇打粉，攪拌均勻，直到看不見粉末為止。

3　將麵糊放入甜甜圈模具中。若先將麵糊放入擠花袋，再擠入模具，就會更加整潔方便。

　　Tip. 如果沒有甜甜圈模具，可以在烤箱的烤盤上鋪烘焙紙，再將麵糊擠成圓圈。

4　放入已經預熱至 180℃的烤箱中烤 20-25 分鐘。待顏色變黃，且用木筷戳入時沒有沾到麵團，就表示烤好了。當屋內瀰漫著帕瑪森起士香時就能取出，放在冷卻架上冷卻。

Greek Yogurt Bark Ice cream

希臘優格脆片冰淇淋

　　要不要用希臘優格做成冰淇淋脆片，就像五顏六色的漂亮巧克力脆片那樣呢？可以根據個人喜好改變配料和顏色，做成自己獨家的「希臘優格冰淇淋脆片系列」。

2

① 花生巧克力香蕉口味 *Ingredients* ———

- 已初次分離乳清的原味
  希臘優格 100g
  ＋參考第 46-54 頁製作
- 可可粉 20-30g
- 阿洛酮糖 20g
- 花生醬 50g
- 白巧克力 5-10g
- 香蕉 1/2 根，切片
- 堅果碎 20g
- 蝴蝶餅（可省略）

3

4

Recipe ———

1　在碗中加入希臘優格、可可粉、阿洛酮糖，攪拌均勻備用。

2　在烤盤裡鋪上烘焙紙，放入步驟①的希臘優格，均勻地在盤子上鋪上薄薄一層。

3　將花生醬和加熱過的白巧克力淋在步驟②的希臘優格上，然後用叉子劃出花紋（白巧克力可省略）。

4　放上香蕉片、堅果碎和蝴蝶餅。

5　放入冷凍庫冰 5 小時後剝塊狀，即可享用。

② 芒果椰子口味

Ingredients ───

· 已初次分離乳清的原味
  希臘優格 100g
  ＋參考第 46-54 頁製作

· 阿洛酮糖 20g

· 糖漬芒果 50g
  ＋參考第 107 頁製作

· 椰果 30g

· 椰子脆片 20-30g

Recipe ───

1 在碗中加入希臘優格、阿洛酮糖攪拌。

2 在烤盤裡鋪上烘焙紙，放入步驟①的希臘優格，均勻
   地在盤子上鋪上薄薄一層。

3 將糖漬芒果和椰果放在步驟②的希臘優格上。

4 將椰子脆片撒在上面。

5 放入冷凍庫冷凍 5 小時後剁塊狀，即可享用。

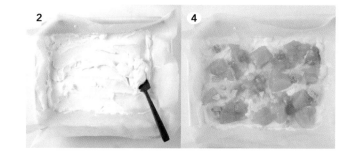

③ 莓果奇異果口味

Ingredients ───

· 已初次分離乳清的原味
  希臘優格 100g
  ＋參考第 46-54 頁製作

· 糖漬覆盆子 20-30g
  ＋參考第 65 頁製作

· 冷凍綜合莓果 30-40g

· 奇異果 1/2 個，切塊

· 穀麥 20g
  ＋參考第 40 頁製作

Recipe ───

1 在碗裡加入希臘優格、糖漬覆盆子後攪拌。

2 在烤盤裡鋪上烘焙紙，放入步驟①的希臘優格，均勻
   地在盤子上鋪上薄薄一層。

3 將冷凍的綜合莓果、奇異果塊和穀麥放在上面。

4 放入冷凍庫冷凍 5 小時後剁塊狀，即可享用。

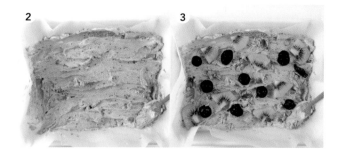

④ 抹茶白巧克力口味

Ingredients ────

- 已初次分離乳清的原味
  希臘優格 100g
  ＋參考第 46-54 頁製作
- 阿洛酮糖 30g
- 抹茶粉 5-10g（或綠茶粉）
- 白巧克力 20-30g
- 小塊的紅豆羊羹 2-3 大匙
  （或紅豆泥）

Recipe ────

1　在碗中加入希臘優格、阿洛酮糖、抹茶粉攪拌。

2　在烤盤裡鋪上烘焙紙，放入步驟①的希臘優格，均勻地
　　在盤子上鋪上薄薄一層。

3　加熱 10g 的白巧克力，融化後淋在步驟②的希臘優格上。

4　放上小塊的紅豆羊羹和剩下的白巧克力。

5　放入冷凍庫冷凍 5 小時後剝塊狀，即可享用。

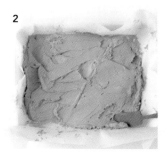
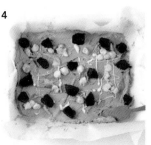

⑤ 蜂蜜穀麥口味

Ingredients ────

- 已初次分離乳清的原味
  希臘優格 100g
  ＋參考第 46-54 頁製作
- 蜂蜜 30g
  （或阿洛酮糖、楓糖等）
- 穀麥 40-50g
  ＋參考第 40 頁製作
- 南瓜子 少許（可省略）
- 莓果 少許（可省略）

Recipe ────

1　在碗中加入希臘優格和蜂蜜攪拌。

2　在烤盤裡鋪上烘焙紙，放入步驟①的希臘優格，均勻地
　　在盤子上鋪上薄薄一層。

3　將穀麥、南瓜子和莓果放在步驟②的希臘優格上。

4　放入冷凍庫冷凍 5 小時後剝塊狀，即可享用。

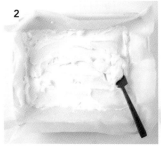

保存｜若置於常溫過久可能會融化。請放在冷凍庫保存，欲
　　　　食用之前再拿出來。

Greek Yogurt Crumble Cake

希臘優格酥菠蘿蛋糕

　　酥菠蘿跟希臘優格的速配程度不輸給穀麥。在家裡也可以做出有自己風格的蛋糕。不僅可以搭配原味希臘優格，也可以跟前面介紹過的不同口味希臘優格一起享用。酥菠蘿作為配料放在希臘優格上也很好吃，建議一次多做一些！

Time ————

· 10 分鐘

Ingredients ————

· 已初次分離乳清的原味
　希臘優格 70g
　＋參考第 46-54 頁製作

· 香草阿洛酮糖 10-20g
　（或阿洛酮糖）

· 酥菠蘿 50-60g
　＋參考第 39 頁製作

· 糖漬藍莓 20-30g
　＋參考第 68 頁製作

· 香蕉 1/2 根，切片

Recipe ————

1　在碗裡加入希臘優格和香草阿洛酮糖後攪拌。

2　在杯子裡放入三分之二的酥菠蘿。

3　放上糖漬藍莓後，鋪上香蕉片。

4　將步驟①的希臘優格全部放上去。

5　將剩下的酥菠蘿放在最上面，亦可當裝飾。

Greek Yogurt Crepe Roll

希臘優格可麗捲餅

　　用柔軟香醇的燕麥可麗餅和巧克力希臘優格製作這款健康美味的甜點。以酸甜的莓果取代香蕉也很適合，或是用果醬取代水果，可以嘗試不同的變化，延伸製作出各種美味的可麗餅。

Time ───────

·30 分鐘

Ingredients ───────

·已初次分離乳清的原味
　希臘優格 70g
　＋參考第 46-54 頁製作

　＋如果想要札實口感，可以使用二
　次分離乳清的希臘優格

·雞蛋 1 個
·原味牛奶 120-150㎖
·燕麥粉 100g（或杏仁粉）
·阿洛酮糖 20-30g
　（或楓糖、龍舌蘭糖漿等糖漿）
·小蘇打粉 1.5g
·可可粉 20g
·橄欖油 適量
·香蕉 1/2 個（或其他水果）
·堅果類 20g

Recipe ───────

1　在碗裡放入雞蛋打散後，放入牛奶、燕麥粉、阿洛酮糖和小蘇打粉攪拌均勻。

2　在另一個碗裡放入希臘優格、可可粉，製成巧克力希臘優格。

3　在加熱好的平底鍋裡倒入橄欖油後，放上 3 大匙步驟①的麵糊，均勻攤成圓形薄餅狀。

4　麵糊開始出現氣泡時，翻面，煎完後取出放涼。

5　香蕉切片，堅果切成適當大小。

6　在冷卻的可麗餅上塗上步驟②的巧克力希臘優格，放上香蕉、堅果類後捲起，即可食用。

Chapter 5

Greek Yogurt Brunch Recipe

希臘優格輕食 Brunch 18 道

繼前面兩章變化出不同的希臘優格和甜點之後，
接下來將希臘優格運用到早午餐、輕食料理吧！
從炒蛋、三明治、飯捲到豆皮壽司，
你會很驚訝，希臘優格竟然能做出這麼多樣的食物。
很多料理都可以用希臘優格取代鮮奶油、奶油和美乃滋，
所以也很適合作為低碳高蛋白的減肥餐。
用超乎想像的希臘優格早午餐食譜製作出豐盛的一餐吧！

Greek Yogurt
Scrambled Eggs

希臘優格炒蛋

　　不需要添加奶油和鮮奶油，就能在家裡做出飯店早餐風格、又嫩又香的炒蛋，因為加了希臘優格，當然會又嫩又香。搭配烤得焦黃的吐司、培根、香腸和沙拉等，享受悠閒的週末早午餐吧！

Time

· 20 分鐘

Ingredients

· 已初次分離乳清的原味
　希臘優格 50-60g
　＋參考第 46-54 頁製作

· 雞蛋 3 個
· 鹽巴 少許
· 橄欖油 1 大匙
　（或其他食用油）
· 胡椒粉 少許

Recipe

1　在碗裡放入雞蛋和鹽巴，攪拌均勻。

2　加入希臘優格攪拌均勻，攪拌時請用打蛋器攪拌，以免希臘優格結塊。

3　在加熱好的平底鍋裡倒入橄欖油，放入步驟②後用中小火加熱。

4　雞蛋半熟時轉小火，用筷子或湯匙一邊攪拌一邊加熱炒散。
　Tip. 如果喜歡軟綿口感，可以用小火煮久一點，讓水分蒸發。

5　撒上胡椒粉後關火，根據個人喜好加入番茄醬、黃芥末醬即可。

Egg Greek Salad

希臘優格可頌蛋沙拉

　　男女老少都喜歡美乃滋蛋沙拉！用希臘優格取代美乃滋，就能吃得更健康。在這裡要介紹萬用的希臘優格美乃滋沙拉，適合夾在可頌、貝果、餐包中間，或是做成三明治，搭配生菜一起吃也很對味。

Time ———
・15 分鐘

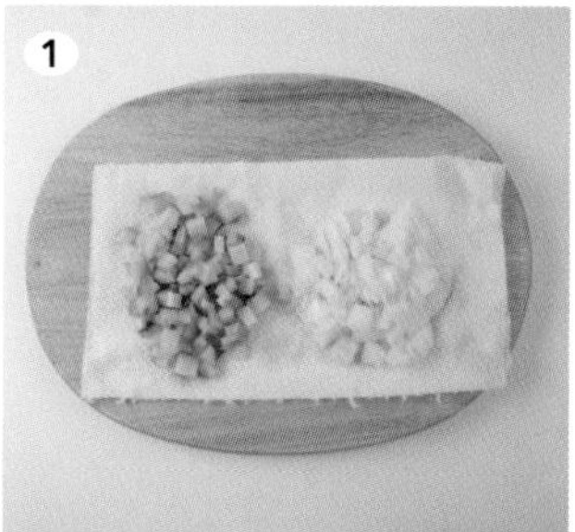

Ingredients ———
・已二次分離乳清的原味
　希臘優格 50g
　＋參考第 46-54 頁製作
・水煮蛋 2 個
・洋蔥 1/4 個
・小黃瓜 1/4 個（或醃小黃瓜）
・培根 20g（或香腸）
・玉米粒 2 大匙
・鹽巴 1/2 小匙
・甜菊糖 1 大匙
　（根據個人喜好增減）
・巴西里 1/2 小匙
・芥末籽醬 1 小匙

Recipe ———

1　洋蔥切丁，放入冷水中浸泡 5 分鐘以上，去除辣味。小黃瓜也切丁。

2　水煮蛋剝殼後搗碎，培根稍微燙過或煎至金黃色，再切成小塊。

3　將所有食材放入碗中拌勻，再依個人喜好夾入可頌麵包裡。
　　Tip. 可以根據個人喜好添加胡椒粉。

Greek Yogurt

Creamy Pumpkin Soup

希臘優格南瓜奶油湯

　　用溫暖的湯開始一天吧！鬆軟香甜的南瓜搭配越炒越香的洋蔥，讓湯頭美味得難以抗拒。若在炒洋蔥時加入希臘優格，就會散發出奶油香氣，風味變得更濃郁。

3

4-1

4-2

Time ————

・50 分鐘

Ingredients ————

・已二次分離乳清的原味
　希臘優格 50g
　＋參考第 46-54 頁製作

・洋蔥 1/2 個
・蒸熟的南瓜 300g
・原味牛奶 300㎖
・鹽巴 1/2 小匙
・甜菊糖 1 大匙
　（根據個人喜好增減）
・橄欖油 1/2 大匙
　（或其他食用油）

Recipe ————

1　洋蔥切絲，南瓜搗碎。

2　在加熱好的鍋中倒入橄欖油，用中火炒洋蔥。

3　炒到洋蔥變得半透明、呈現微微的褐色後，放入希臘優格攪拌。

4　聞到濃郁的香味後，加入牛奶、南瓜泥，用中火邊攪拌邊煮 10-15 分鐘。

　　Tip. 如果喜歡稀一點的湯，可以在這個步驟加一點牛奶。

5　加入鹽巴和甜菊糖攪拌。

　　Tip. 根據個人喜好加 1 大匙甜菊糖、阿洛酮糖或蜂蜜。

6　煮沸後轉小火，蓋上蓋子煮 15 分鐘。

　　Tip. 如果用手持攪拌棒將食材磨細，口感就會更細緻。

更多風味	可以根據個人喜好在最後撒上肉桂粉喔！

更細緻的口感	進行到步驟⑤後，關火冷卻 10 分鐘，倒入攪拌機中磨得更細，再放回鍋中煮 5 分鐘，口感就會更綿滑。

Greek Yogurt Caprese Salad

希臘優格卡布里沙拉

用保鮮膜包裹希臘優格，等凝固後切片，就能做出莫札瑞拉起士的形狀，在各種料理中，希臘優格也能取代莫札瑞拉起士。這道菜的關鍵是將番茄和希臘優格交替擺盤！另外，上面淋的橄欖油和巴沙米克醋非常適合希臘優格，我真心推薦這組合，一定要嘗試一下。

Time ————

· 30 分鐘

Ingredients ————

· 已二次分離乳清的原味
  希臘優格 100g
  ＋參考第 46-54 頁製作

· 鹽巴 1/4 小匙
· 阿洛酮糖 1/2 小匙
· 蒜片 1 小匙（可省略）
· 番茄 1/2 個（或小番茄）
· 橄欖油 1/2 大匙（或羅勒醬）
· 巴沙米克醋 1 大匙
· 杏仁片 1-2 大匙

Recipe ————

1　在碗裡依序放入希臘優格、鹽巴、阿洛酮糖、蒜片後攪拌。

2　在砧板上鋪保鮮膜，把步驟①全部放上去。像捲飯捲那樣捲好後，放入冷凍庫凝固 10-15 分鐘。

3　把番茄切成適合食用的大小。

4　取出希臘優格，撕開保鮮膜，切成八至十份。

5　將番茄和希臘優格交替裝盤。

6　淋上橄欖油（或羅勒醬）和巴沙米克醋。
　　Tip. 可以根據個人喜好撒上胡椒粉，味道會更好。

7　最後，撒上杏仁片點綴，即可食用。

| 做得更漂亮 | 用保鮮膜捲希臘優格時，建議直徑超過番茄的一半，吃起來口感更一致，擺盤也才會好看。 |

Salmon Greek Yogurt
Salad Gimbap

鮭魚希臘優格紫菜飯捲

這款飯捲的飯量比一般的飯捲少很多，但是放滿了多種餡料，只吃幾個也能飽足，適合當成簡單的一餐！這道料理一定要使用分離很多乳清的紮實希臘優格，才能取代奶油乳酪，增添柔順的美味。

Time ─────

· 25 分鐘

Ingredients ─────

· 已二次分離乳清的原味
  希臘優格 40-50g
  ＋參考第 46-54 頁製作

· 紫米飯 100g（或蒟蒻米）

· 鹽巴 1/2 小匙

· 甜菊糖 1/2 小匙
  （根據個人喜好增減）

· 阿洛酮糖 1/2 小匙

· 飯捲用海苔 2 片

· 紫高麗菜絲 100g（或高麗菜）
  ＋如果想做得小一點，只要用
  50g 高麗菜就行了

· 蟹肉棒 2 個

· 可生食鮭魚 60-70g

· 起士片 2 片

· 紫蘇葉 4 片

· 芝麻油 少許

Recipe ─────

1 在碗裡放入紫高麗菜絲，倒入少許的水，加入 1 大匙醋，浸泡 5 分鐘。

2 另取一個碗放入紫米飯，拌入 1/4 小匙的鹽巴和甜菊糖調味；另一碗放入希臘優格、1/4 小匙的鹽巴和阿洛酮糖拌勻。

3 蟹肉棒按紋理撕開，鮭魚切成長條，紫高麗菜絲徹底瀝掉水分。

4 在砧板上鋪上壽司捲簾，放上一片海苔，然後鋪上紫米飯，盡量鋪得寬一點，占滿三分之二的海苔。然後放上另一片海苔，讓海苔變長，兩片海苔用飯黏起。

5 在飯上依序放 2 片起士→4 片紫蘇葉→紫高麗菜絲→蟹肉棒→步驟②的優格。

   Tip. 如果先把紫高麗菜絲和芥末籽醬（1-2 大匙）拌在一起，味道會更豐富。

6 鮭魚放在最上面，捲起飯捲。先用米飯黏住海苔再捲起來，飯捲就不太會散開。

7 在飯捲和刀子上塗點芝麻油，再切成適合食用的大小。可以根據個人喜好製作醋醬沾食。

   Tip. 醋醬食材：濃口醬油 1 小匙，醋 1/2 小匙，阿洛酮糖 1/2 小匙

Greek Yogurt

Fried Tofu Rice Balls

四色希臘優格豆皮壽司

　　喜歡豆皮壽司嗎？介紹一款跟飯捲不同風格的豆皮壽司，吃起來毫無負擔。用豆腐和糙米飯取代白米飯，所以非常健康，光是用看的也很有飽足感。再搭配四種用希臘優格做的美味配料，外觀也很吸引人，很適合裝成便當帶出去野餐！

3

4

Time ———

· 50 分鐘

Ingredients ———

· 豆腐 300g
· 糙米飯 150g
· 四角豆皮 8 個

▶ 4 種餡料
每種豆皮壽司各兩個

1) 酪梨餡

　　已二次分離乳清的希臘優格 15g、酪梨（去皮去籽）1/4 個、洋蔥末 1 大匙、阿洛酮糖 1/2 大匙、黑橄欖 1 顆（切片）、鹽巴 1/2 小匙、胡椒粉少許

2) 明太魚子與飛魚卵餡

　　已二次分離乳清的希臘優格 20g、明太魚子（去皮）1 大匙、飛魚卵 1 大匙，醃蘿蔔末 1 大匙，蔥末 2g

3) 蟹肉芥末餡

　　已二次分離乳清的希臘優格 20g、阿洛酮糖 1 小匙、蟹肉棒 2 個（用手撕開）、芥末醃蘿蔔 1 片、胡椒粉少許

4) 雞蛋沙拉餡

　　已二次分離乳清的希臘優格 20g，水煮蛋泥 1 個，洋蔥末 1 大匙，醃黃瓜末 1/2 大匙、阿洛酮糖 1/2 大匙、鹽巴和胡椒少許

Recipe ———

1　將 4 種餡料各自在碗裡攪拌均勻。

　　Tip. 酪梨餡和雞蛋沙拉餡食材中的洋蔥要在冷水中浸泡超過 5 分鐘，去除辣味。

2　將豆腐放入沸水中汆燙 3 分鐘，飯放涼。

3　將豆腐、米飯、市售的香鬆和調味料放入碗中，用飯鏟攪拌均勻。

4　將步驟③的豆腐飯裝在四角豆皮裡。

5　放 1-2 大匙自己喜歡的配料。

換成健康 的食材	用甜菊糖 3g、醋 1g、香油 4g、芝麻 5g、鹽巴 1g 取代市售的香鬆和調味料。

Greek Yogurt
Turkey Sandwich

希臘優格火雞肉三明治

　　放入高蛋白、低脂肪的火雞胸肉火腿片，就能做出健康三明治。口感和香味都很獨特的芝麻葉、搭配柔軟綿密的希臘優格、能咬到顆粒的芥末籽醬，三種不同的風味，共同創造出這款美味又豐盛的輕食料理。

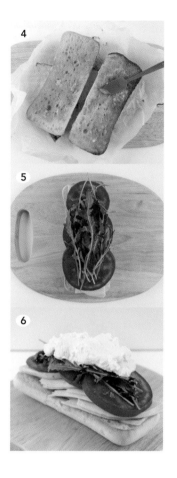

Time ———

· 25 分鐘

Ingredients ———

· 已二次分離乳清的原味
  希臘優格 60-70g（5-6 大匙）
  ＋參考第 46-54 頁製作
· 巧巴達麵包 1 個
· 阿洛酮糖 1 小匙＋1 大匙
· 鹽巴 少許
· 芥末籽醬 1/2 大匙
· 起士片 1 片
· 火雞胸肉火腿片 5-6 片
· 番茄 1/2 個，切片
· 芝麻葉 5-6 片
  （或生菜、迷你芝麻葉 12-15 片）

Recipe ———

1　巧巴達麵包對半橫切後，將內側放在熱平底鍋上稍微煎一下。
　　Tip. 也可以放入已經預熱到 150℃的烤箱或氣炸鍋烤 5 分鐘。

2　在碗裡放入希臘優格、阿洛酮糖 1 小匙、鹽巴後攪拌。

3　在另一個碗裡放入芥末籽醬和剩下的阿洛酮糖攪拌。

4　在其中一面麵包上塗步驟③的醬汁。

5　在巧巴達麵包的另一面放上起士片、火雞胸肉火腿片、番茄和芝麻葉。

6　將步驟②的希臘優格揉成一團放在芝麻菜上，再蓋上麵包即可。

更美味地享受	這道料理跟巴沙米克醋很搭。可以根據個人喜好在步驟④塗上醬汁後，均勻淋上一點巴沙米克醋，味道會更好。

Greek Yogurt Chicken Wrap

希臘優格雞肉捲

用希臘優格做出清爽的凱撒沙拉，再放到全麥墨西哥捲餅上捲起來，就完成了這道健康又美味的捲餅！如果再放入番茄、荷包蛋、起士等，就會更有飽足感。也可以用吐司或貝果取代全麥墨西哥捲餅。

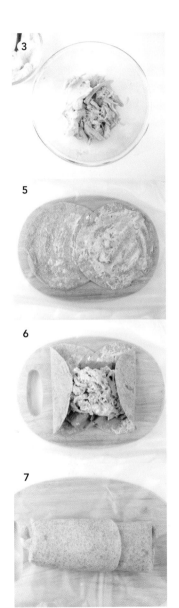

3

5

6

7

Time ———

· 30 分鐘

Ingredients ———

· 已二次分離乳清的原味
　希臘優格 60g
　＋參考第 46-54 頁製作

· 芥末籽醬 1 大匙

· 阿洛酮糖 30-35g

· 鹽巴 1/2 小匙

· 堅果碎 1/2 大匙

· 市售即食雞胸肉 120g
　（或水煮鮪魚罐頭）

· 全麥墨西哥捲餅 15cm 2 片

· 蘿蔓萵苣 4-5 片

Recipe ———

1　在大碗裡放入希臘優格、芥末籽醬、阿洛酮糖、鹽巴和堅果碎末後攪拌，製成沾醬。

　　Tip. 本配方幾乎沒有調味，可以根據個人喜好添加鹽巴、胡椒、芥末籽醬等。

2　雞胸肉按紋理撕小塊。

3　在小碗裡裝入 1 大匙步驟①，並放入雞胸肉攪拌。

4　將全麥墨西哥捲餅放在不加油的平底鍋上，用中小火煎至金黃色。

5　在砧板上鋪上保鮮膜，將兩片墨西哥捲餅重疊三分之一，均勻塗上 1 大匙沾醬。

6　放上蘿蔓萵苣和步驟③的雞胸肉後，將墨西哥捲餅兩側摺起。

7　接著上下捲起後，用保鮮膜包住固定，即可食用。

| 更多風味 | 將 1 大匙蔓越莓乾加入步驟③中，就可以享受酸甜滋味的雞肉捲。 |

Greek Yogurt
Mushroom Bagel Sandwich

希臘優格菇菇貝果三明治

　　這個貝果三明治結合有嚼勁的菇類、各種香草及香蒜醬，用健康食材帶來相當有滿足感的一餐。適合搭配希臘優格炒蛋（第 154 頁）一起吃，也可以根據個人喜好加入番茄。

Time ————

· 30 分鐘

Ingredients ————

· 已二次分離乳清的原味
　希臘優格 100g
　＋參考第 46-54 頁製作

· 貝果 1 個
· 番茄乾 20g
· 黑橄欖 3 顆
　（或黑橄欖片 8-10 片）
· 迷你杏鮑菇 30g
· 阿洛酮糖 3-5g
· 羅勒醬 1/2 大匙
· 橄欖油 1/2 大匙
　（或其他食用油）
· 鹽巴 少許
· 胡椒粉 少許
· 巴西里粉 少許

Recipe ————

1　將番茄乾和黑橄欖切塊。

2　將貝果對半橫切，放在不加油的平底鍋上煎至金黃色後取出。

3　在平底鍋裡倒入橄欖油，放入迷你杏鮑菇，用大火翻炒，加入鹽巴、胡椒粉、巴西里粉，炒至杏鮑菇微焦後，裝入碗中放涼。

4　在碗裡放入希臘優格、阿洛酮糖攪拌，加入番茄乾、黑橄欖和已放涼的杏鮑菇，攪拌均勻。

　Tip. 如果杏鮑菇太燙，醬會融化，所以一定要先放涼再加進去。

5　在其中一半貝果切面塗上羅勒醬。

6　將步驟④放在上面後，再用另一片貝果蓋上。

Smoked Salmon
Greek Yogurt Sandwich

燻鮭魚希臘三明治

　　我還記得在吃到塗著厚厚一層奶油乳酪燻鮭魚醬的紐約貝果時非常驚艷，加入希臘優格的燻鮭魚醬也別有一番風味。用健康的希臘優格取代奶油乳酪，品嘗輕盈版的貝果三明治吧！

Time

· 25 分鐘（＋發酵一天）

Ingredients

· 已二次分離乳清的原味
　希臘優格 400-450g
　＋參考第 46-54 頁製作

· 燻鮭魚 200g
· 貝果 1 個（或吐司 2 片）
· 蒔蘿 1/2 大匙（或蔥）
· 酸豆 1/2 小匙（可省略）
· 檸檬汁 1/2 小匙
· 胡椒粉 少許

Recipe

1　將燻鮭魚、蒔蘿和酸豆剁碎。

2　在碗裡放入希臘優格、鮭魚、蒔蘿、酸豆、檸檬汁後攪拌均勻。

3　加入胡椒粉，混合均勻後裝入密封容器中，在冷藏室發酵 1 天左右。

4　將貝果對半橫切，切面在不加油的平底鍋上煎至金黃色後取出。

5　在其中一片貝果的切面塗上步驟③的希臘鮭魚醬，再用另一片貝果蓋上。
　　Tip. 最後再放上燻鮭魚片會更好吃。

Prawn
Greek Yogurt Sandwich

明蝦希臘優格三明治

　　這款三明治使用的蝦子是明蝦，比一般的蝦更大。放入整隻蝦子和剁碎的蝦泥，口感非常突出，而且因為用希臘優格取代美乃滋，所以變成了營養健康的料理。蝦子煮久了會變老，汆燙的時間不要超過 2 分鐘！

5

7

Time ————

· 25 分鐘

Ingredients ————

· 已二次分離乳清的原味
　希臘優格 50-60g（4-5 大匙）
　＋參考第 46-54 頁製作

· 全麥吐司 2 片
· 燙過的蝦仁 150g
· 酪梨 1/4 個
· 萵苣 3 片（或蘿蔓生菜）
· 蒜泥 1/2 小匙
· 鹽巴 1/2 小匙
· 巴西里粉 1/2 小匙
· 胡椒粉 少許
· 阿洛酮糖 1 小匙

Recipe ————

1　將全麥麵包放在不加油的平底鍋上煎至金黃色。

2　將蝦仁放入滾水中汆燙至熟，取出放涼。

3　取一半的蝦仁剁碎，酪梨去皮、去籽後一起搗碎。

4　在碗裡放入蝦仁泥、酪梨、希臘優格、蒜泥、鹽巴、巴西里粉和胡椒粉，混合製成希臘蝦醬。

5　放入剩下的完整蝦仁，輕輕攪拌。

6　一片吐司薄薄塗一層希臘蝦醬，另一片塗阿洛酮糖。

7　在塗有阿洛酮糖的吐司上放上萵苣和步驟⑤後，蓋上另一片吐司。

> 更多
> 風味　喜歡辣味的人，請在步驟④中加 1 大匙是拉差辣椒醬。

Greek Yogurt Spread

– *Onion*

希臘優格抹醬─洋蔥口味

　　這次要介紹的兩款抹醬可以抹在貝果和吐司中間做成三明治，也可以塗在餅乾上，做成手指餅乾。希臘優格比奶油乳酪好吃，熱量又低，所以我強烈推薦。首先要介紹的是洋蔥希臘優格抹醬，裡面有巴沙米克醋、紅糖、洋蔥熬出來的印度酸辣醬（chutney）和濃郁的希臘優格，味道豐富，作為下酒菜也很適合。

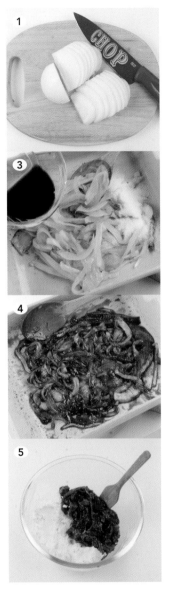

Time ───────

· 30 分鐘（＋冷卻 20 分鐘）

Ingredients ───────

· 已二次分離乳清的原味
　希臘優格 400-450g
　＋參考第 46-54 頁製作

· 洋蔥 1 個
· 橄欖油 1-2 大匙
· 巴沙米克醋 1-2 大匙
　（依喜好增減）
· 紅糖 2-3 大匙
　（或甜菊糖，依喜好增減）
· 鹽巴、胡椒粉 少許

Recipe ───────

1　洋蔥洗淨後，去皮、切絲。

2　在加熱好的平底鍋裡倒入橄欖油，放入洋蔥炒至完全軟爛為止。

3　加入巴沙米克醋、紅糖，持續熬煮，讓水分蒸發，這時可根據個人喜好用鹽巴和胡椒粉調味。

4　當醬汁呈黏稠狀時關火，待冷卻後裝入密封容器中冷藏（洋蔥酸辣醬完成）。

5　在碗裡放入希臘優格和冷卻的洋蔥酸辣醬後攪拌均勻。洋蔥酸辣醬不要一次全部放進去，一點一點加入，可根據個人喜好調整。

　　Tip. 洋蔥酸辣醬冷藏可以保存 30 天，洋蔥希臘優格抹醬最好在冷藏 7 天內食用。

| 加倍享受 | 雖然直接吃也很好吃，但如果先冷藏靜置一天再吃，味道和香味就會滲透進去，更加入味。 |

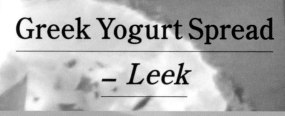

Greek Yogurt Spread

– *Leek*

希臘優格抹醬—青蔥口味

知名貝果店的招牌就是青蔥奶油乳酪，青蔥清脆的口感和香氣極具魅力，而且可以降低乳酪的油膩感。一起試試用原味希臘優格取代奶油乳酪，製作出青蔥希臘優格抹醬吧！除了用希臘優格取代奶油乳酪外，也用阿洛酮糖取代砂糖，這樣不僅能減輕負擔，還能讓美味加倍！

Time ———

· 15 分鐘

Ingredients ———

· 已二次分離乳清的原味
　希臘優格 200-250g
　＋參考第 46-54 頁製作

· 青蔥 40-50g
　（根據個人喜好增減）
· 阿洛酮糖 1 又 1/2 大匙
　（或蜂蜜）
· 鹽巴 1/2 小匙
· 胡椒粉 少許（可省略）

Recipe ———

1 青蔥洗淨後瀝乾、切末，備用。

2 將青蔥放入不加油的平底鍋中用小火乾炒，讓水分蒸散到一定的程度，藉此去除辣味。

3 在碗裡放入希臘優格、炒過的青蔥、阿洛酮糖、鹽巴和胡椒粉後攪拌。

　Tip. 青蔥希臘優格抹醬建議冷藏保存，7 天內食用完畢。

| 加倍
享受 | 雖然直接吃也很好吃，但如果先冷藏靜置一天再吃，味道和香味就會滲透進去，更加入味。 |

Greek Yogurt
Pollack Roe Cream Risotto

希臘優格明太魚子奶油義式燉飯

希臘優格和明太魚子的組合，是不是有點熟悉又陌生？但是我真的強烈推薦這道菜。綿密的希臘優格和鹹鹹的明太魚子，兩者的相遇非常完美。運用在燉飯或焗飯，跟餐廳賣的一樣美味！

Time ———

· 30 分鐘

Ingredients ———

· 已二次分離乳清的原味
  希臘優格 50g
  ＋參考第 46-54 頁製作

· 紫蘇葉 1 片
· 洋蔥 1/4 個
· 青蔥的蔥白 5cm
· 明太魚子 1/2 個
· 糙米飯 200g（或蒟蒻米）
· 橄欖油 1/2 大匙
· 蒜泥 1/2 大匙
· 原味牛奶 150mℓ
· 鹽巴 少許
· 胡椒粉 少許

Recipe ———

1 捲起紫蘇葉切成細絲，洋蔥和青蔥洗淨後，切成適合食用的大小。

2 明太魚子去皮，拌開備用。

3 在加熱好的平底鍋裡倒入橄欖油，放入洋蔥和青蔥，用中火翻炒。

4 炒至洋蔥半透明後，放入蒜泥翻炒，再放入明太魚子快速攪拌。

5 當魚卵變白時，加入希臘優格攪拌。

6 倒入牛奶，用大火煮沸，然後加入鹽巴攪拌，再放入糙米飯，用小火煮 2-3 分鐘，煮至收汁即可。

7 均勻撒上胡椒粉，放上紫蘇葉。

  Tip. 這個配方味道清淡，如果想吃鹹一點，可以加上鹽巴、胡椒，再放上明太魚子。

Green Greek Chicken Curry

希臘優格雞肉綠咖哩

　　希臘優格和牛奶讓咖哩變得滑順又醇厚，由於加入了磨細的菠菜，整體會是綠色的，呈現出與眾不同的視覺效果。拌飯來吃很好吃，也很適合搭配墨西哥餅、印度烤餅或長棍麵包。

Time

· 45 分鐘

Ingredients

· 已二次分離乳清的原味
　希臘優格 50g
　＋參考第 46-54 頁製作

· 菠菜 50g

· 洋蔥 1/3 顆
　＋根據個人喜好添加蘑菇、胡蘿蔔、番茄等蔬菜。

· 雞胸肉 120g（或豬肉、牛肉）

· 水 200ml

· 橄欖油 1 大匙
　（或其他食用油）

· 碎紅辣椒 1/4 小匙

· 蒜泥 1 小匙

· 市售咖哩粉 2-3 大匙

· 原味牛奶 100ml

· 鹽巴 1/3 小匙

· 胡椒粉 少許

Recipe

1　將菠菜放入煮沸的鹽巴水中稍微汆燙 10-15 秒。

2　燙好的菠菜用冷水洗過、擠出水分後切小段。

3　把水和菠菜倒入攪拌機裡磨成碎末，洋蔥切絲，雞胸肉切成一口大小備用。

4　將橄欖油倒入加熱好的平底鍋，放入洋蔥，中火翻炒至半透明，加入雞胸肉、碎紅辣椒和蒜泥，炒至雞胸肉呈金黃色。
　　Tip. 如果想吃得更辣，就再多加一點碎紅辣椒。

5　轉到中火，加入咖哩粉、鹽巴和胡椒粉後，均勻翻炒 30 秒。

6　加入希臘優格後翻炒，再加入步驟③的菠菜和牛奶，用大火煮沸。

7　沸騰後調到中火，邊煮邊攪拌，要注意這時容易黏鍋，直到咖哩變稠為即可食用。

加倍美味	可以根據個人喜好，最後放點帕瑪森起士粉，味道會更好。

Grilled Veggie Salad with

Greek Yogurt Onion Dressing

蔬菜沙拉佐希臘優格洋蔥醬

　　希臘優格洋蔥醬適合各種煎過、炸過的食物，也可以搭配沙拉一起吃！如果跟煎得香香的蘑菇和蔬菜一起吃，真的很好吃。最大的特色就是用希臘優格取代美乃滋，吃起來毫無負擔，甚至可以當成炸物的沾醬！

Time ———

· 20 分鐘

Ingredients ———

· 已初次分離乳清的原味
　希臘優格 40-50g
　＋參考第 46-54 頁製作

· 洋蔥 1 顆

· 蔬菜或菇類 適量
　（櫛瓜、茄子、杏鮑菇等）

· 蛋黃 1 個

· 甜菊糖 20g（或砂糖）

· 芥末醬 1/2 大匙

· 鹽巴 少許

· 胡椒粉 少許

· 橄欖油 少許

Recipe ———

1　將半顆洋蔥切絲，泡冷水去除辣味，另外半顆切塊。將各種蔬菜和菇類切成適合食用的大小。

2　在攪拌機中放入切塊的洋蔥、希臘優格、蛋黃、甜菊糖、芥末醬、鹽巴和胡椒粉，攪拌均勻。
　　Tip. 可以根據個人喜好的濃度，適量替換成二次分離乳清的希臘優格，調整濃度。

3　在碗裡放入步驟②和洋蔥絲攪拌（希臘優格洋蔥醬完成）。根據個人喜好用鹽巴和胡椒粉調味。
　　Tip. 裝入密封容器，靜置 12 小時以上會更融合。

4　在熱好的平底鍋裡倒入橄欖油，放入蘑菇、蔬菜翻炒至兩面金黃後裝盤，淋上希臘優格洋蔥醬即可食用。

Salad Bowl with
Spicy Tzatziki Sauce

酸黃瓜優格醬沙拉

　　酸黃瓜優格醬汁是用希臘優格製作的醬，在希臘、土耳其、東南歐和中東地區是一種傳統料理，也是多種用途的健康醬料，適合減肥，可以做為淋醬、沾醬、抹醬等。因為加入酸豆、巴西里、百里香等各種香草，所以能感受到異國風情。建議大家可以自由添加辣椒粉、乾辣椒、紅椒粉等辣味食材，做出別具一格的酸黃瓜優格醬，淋在放滿鮭魚、酪梨和蔬菜的沙拉碗裡，就是讓人食指大動的早午餐。

Time ───────

· 25 分鐘（＋靜置 4 小時）

Ingredients ───────

· 鮭魚、雞蛋、酪梨、各種沙拉蔬菜 適量

▶ **酸黃瓜優格醬**
· 已初次分離乳清的原味希臘優格 200g
　　＋參考第 46-54 頁製作
　　＋如果想要更濃稠，可以使用二次分離乳清的希臘優格

· 小黃瓜 1/2 個
· 鹽巴 1/2 小匙
· 辣椒粉 1-2g（或辣椒末）
· 蒜泥 1/2 大匙
· 酸豆末 2 大匙
· 檸檬汁 1/2 大匙
· 橄欖油 1 大匙
· 胡椒粉 少許

Recipe ───────

1　小黃瓜用刨絲器刨絲。

2　在碗裡放入小黃瓜和鹽巴攪拌均勻，醃 5 分鐘後，擠出小黃瓜的水分，要用力擠，之後才不會出水。

3　將所有優格醬食材放入碗中攪拌均勻。

4　放入冷藏室靜置至少 4 小時。

5　在碗裡放入鮭魚、水煮蛋、酪梨、各種沙拉蔬菜等，做成一碗沙拉後，再搭配酸黃瓜優格醬一起吃。
　　Tip. 如果不加辣椒粉，就能品嘗到酸黃瓜優格醬的原味。
　　Tip. 如果喜歡辣味，可以再加 1/2 大匙的蒜泥。
　　Tip. 所有食材可以根據個人喜好增減。

台灣廣廈 國際出版集團
Taiwan Mansion International Group

國家圖書館出版品預行編目（CIP）資料

手作希臘優格全圖解：第一本無添加優格專書！31款自製配方×28道應用食譜，直
接吃或做成甜點、鹹食都美味無比！/朴泫柱作.
-- 初版. -- 新北市：臺灣廣廈有聲圖書有限公司, 2024.06
面；　公分
ISBN 978-986-130-619-3(平裝)
1.CST: 食譜 2.CST: 乳酸菌

427.1　　　　　　　　　　　　　　　　　　　　　113004637

手作希臘優格【全圖解】

第一本無添加優格專書！31款自製配方×28道應用食譜，直接吃或做成甜點、鹹食都美味無比！

作　者／朴泫柱		編輯中心執行副總編／蔡沐晨	
譯　者／葛瑞絲		編輯／陳宜鈴	
		封面設計／林珈伃・內頁排版／菩薩蠻數位文化有限公司	
		製版・印刷・裝訂／皇甫・秉成	

行企研發中心總監／陳冠蒨	線上學習中心總監／陳冠蒨
媒體公關組／陳柔彣	數位營運組／顏佑婷
綜合業務組／何欣穎	企製開發組／江季珊、張哲剛

發　行　人／江媛珍
法 律 顧 問／第一國際法律事務所 余淑杏律師・北辰著作權事務所 蕭雄淋律師
出　　　版／台灣廣廈
發　　　行／台灣廣廈有聲圖書有限公司
　　　　　　地址：新北市235中和區中山路二段359巷7號2樓
　　　　　　電話：（886）2-2225-5777・傳真：（886）2-2225-8052

代理印務・全球總經銷／知遠文化事業有限公司
　　　　　　地址：新北市222深坑區北深路三段155巷25號5樓
　　　　　　電話：（886）2-2664-8800・傳真：（886）2-2664-8801
郵 政 劃 撥／劃撥帳號：18836722
　　　　　　劃撥戶名：知遠文化事業有限公司（※單次購書金額未達1000元，請另付70元郵資。）

■ 出版日期：2024年06月
ISBN：978-986-130-619-3　　　　　版權所有，未經同意不得重製、轉載、翻印。

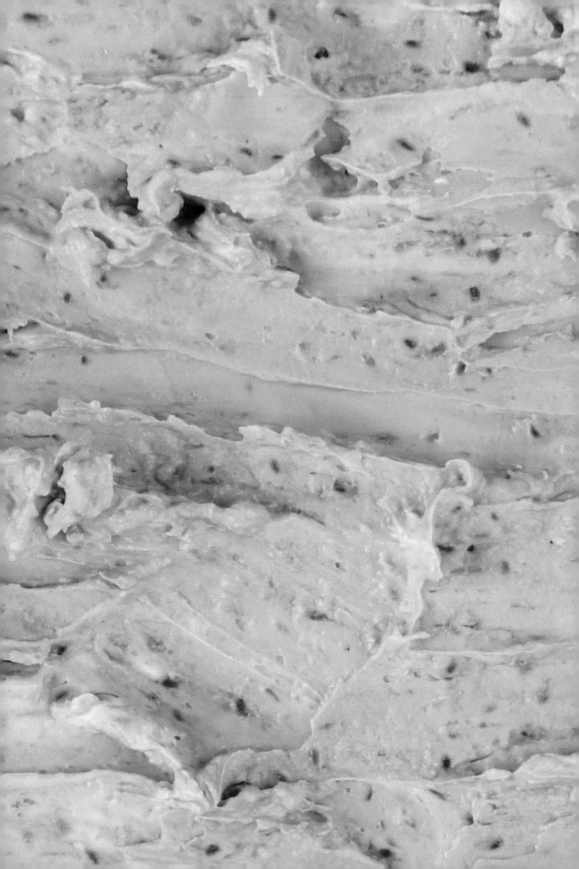